MODEL ART AFV 档案 2
虎式I型重型坦克
MODEL ART AFV PROFILE 2　Pz.Kpfw.Ⅵ TIGER I

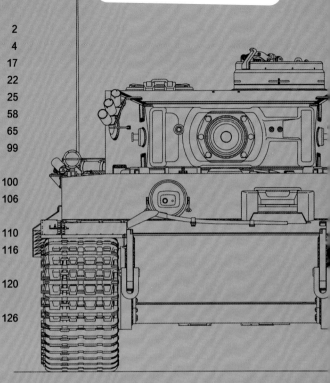

■目 录

首次公开！虎式I型坦克机密手册 D656/21a+	2
虎式I型重型坦克 涂装图集锦	4
传说中的兵器——虎式坦克	17
虎式坦克的王牌驾驶员们	22
虎式I型细节插图解说	25
D656/30a 虎式坦克行走装置维修手册部分节选	58
细节档案	65
Pz.Kpfw.VI TIGER I MODELING GUIDE	99
Cyber Hobby 1：35(6660) 虎式I型极初期型 第502重型坦克营 列宁格勒 1942/1943	100
TAMIYA 1：35(MM No.216) 虎式I型初期生产型	106
Cyber Hobby 1：35(6660) 虎式I型中期型 指挥坦克（1943年冬季生产车）	110
DRAGON 1：35(6406) 虎式I型后期型（3in1）	116
DRAGON 1：72(7376) 虎式I型极初期型 第502重型坦克营 列宁格勒 1942/1943	120
CMK 1：35(3065、3066、3129) 虎式I型坦克驾驶席、引擎、内装	126

附录1：35比例折页图 虎式I型初期型、后期型

Pz.Kpfw.VI TIGER I SPECIFICATIONS 虎式I型重型坦克数据指标

乘员　5人

重量
战斗重量　56.9t
运输状态重量　50t

武装
主炮　88mm KwK36/L56 × 1
炮塔同轴机枪　MG34 7.92mm × 1
车体机枪　MG34 7.92mm × 1
车内携行机枪　MP40 9mm × 1
信号手枪　Walther 27mm Signal Pistol × 1
携弹数量　主炮 92 发
　　　　　机枪 5700 发（150 发的弹带 ×38 条）
　　　　　MP 192 发

观察窗 / 侦察装置
主炮瞄准镜　双目式 TZF9b
　　　　　（后期）单目式 TZF9c

车体机枪观察窗　双目式 KZF2
车长指挥塔
　初期型　　Vision Slit × 5
　中期型以后　　Vision Slit × 7

引擎
初期型　迈巴赫 HL210P45
　汽油发动机
　形式 水冷 V 型 60 度 12 气缸
　排气量 21.353cc
　输出 650 马力 /3000 转
中期型以后　迈巴赫 HL230P45
　汽油发动机
　形式 水冷 V 型 60 度 12 气缸
　排气量 23,000cc
　输出 700 马力 /3000 转

传动装置
迈巴赫 OLVAR "OG 401216A"

变速档数 前进 8 档 / 后退 4 档

尺寸
全长　8.45m（火炮前）
车体　6.316m
宽度　3.705m
高度　3.000m

最高速度　公路 45km/h
　　　　　野地 20km/h
行动距离　公路 140km（也有 100km 的资料）
　　　　　野地 85km（也有 60km 的资料）

装甲
炮塔防盾、车体下部前面、操控室前方　　100mm
炮塔侧面、车体上部侧面　　80mm
炮塔上面、车体上面　　25mm（后期 40mm）
车体下部侧面、车体前部上面　　60mm

首次公开！虎式I型坦克机密手册

D656/21a+

资料提供：泷口彰

虽然现今还保存有德军当年研制生产的虎式坦克的手册，但我们将在本篇中为您介绍的部分内容，是仅仅印制过数本的传动装置及变速箱的多层式构造图。此手册是以机密形式分发的，手册上甚至还带有通用编号。因为从此手册上可以通过3D的方式理解其内部构造，所以这也是一份极其重要的一手资料。

印有Geheim！（机密！）字样和Prüf-Nr.（通用编号）45的封面

以透明纸绘成的传动装置和变速箱插画。左图展现外观的插图，手册为每翻过一页，就能更深入地查明其内部状态的多层式手册。该手册的感觉就像动漫的手绘设定图一样，有一种手绘的感觉。而且，不光表面，同时还细腻地绘制了内部，能够从中立体地了解到其中的构造。左图为从无线电联络员的座位看上去的状态。

翻过一页之后，图中展现出的就是拆掉传动装置（变速箱）的外壳后，内部结构露出在外的状态。图中也可看出齿轮的状态来。

去除掉齿轮之后，就会显露出传动装置本身的内部构造来。

从传动装置的左侧，即驾驶席一侧看到的状态。此为翻过页之后的状态，甚至连反面一侧下面也进行了描绘。

左侧为上方插画的前部分。变速箱为分割后的状态，和传动装置部分分开进行了描绘。

右侧为拆下变速箱前方罩子后的状态。

此为全部翻开后的状态，描绘在1的插画背面。也就是从驾驶席一侧的斜下方看到的状态。

插图：寺田光男
Artwork by Terada Mitsuo

虎式I型重型坦克 涂装图集锦
Pz.Kpfw.VI TIGER I Camouflage Scheme

Pz.Kpfw.VI TIGER I
sPz. Abt501, North Afrika Front, January 1943
第501重型坦克营第2连 极初期型
1943年1月 突尼斯

营标志在侧面猛虎标志（原本推定是用黑色绘制于左下方黄色基础色上，但似乎更多的则是描绘于左上方的车体色上）为表示重型坦克连的战术标记，绘制于驾驶席装甲视镜的上部。

第2连虎式初期型与其他部队的虎式在细节上有所不同，在操作席前方装甲板上安装有预备履带。炮塔编号的数字带有白边，从照片上也可以看出，中间的颜色为用较暗的色调涂成的，现今的固定说法认为其色彩为红色。黑十字（Balkenkreuz）的位置为车体侧面中央稍稍偏后，标志的大小相较第1连的标志要稍小一些。此外，第2连里，营标志的侧身猛虎（由于车体颜色的缘故，似乎大部分都是用黑色画成的）在驾驶席视镜的上方位置，而红231号坦克中，表示重型坦克连的平行四边形里，作为战术标记，描画着记体的较小字号的。战术标记方面，虽然说明其颜色为绿色的说法，但也有其颜色为绿色的说法。

涂装方面，大致可认定以黄褐色（Yellow Brown）（Gelb Braun RAL8000）为基底，在其上涂装灰绿色（Gray Green）（Grau Grün RAL7008）的双色迷彩。

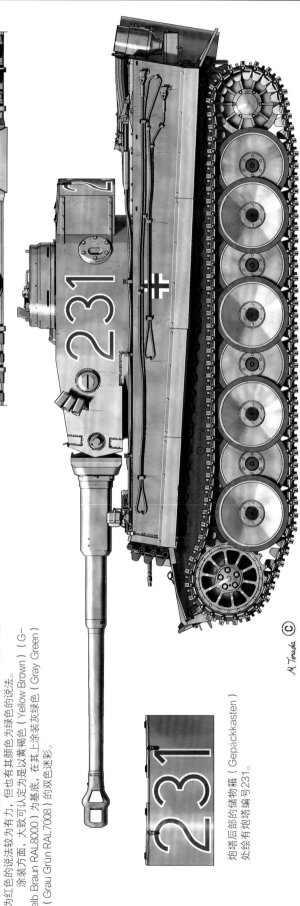

炮塔后部的储物箱（Gepäckkasten）处绘有炮塔编号231。

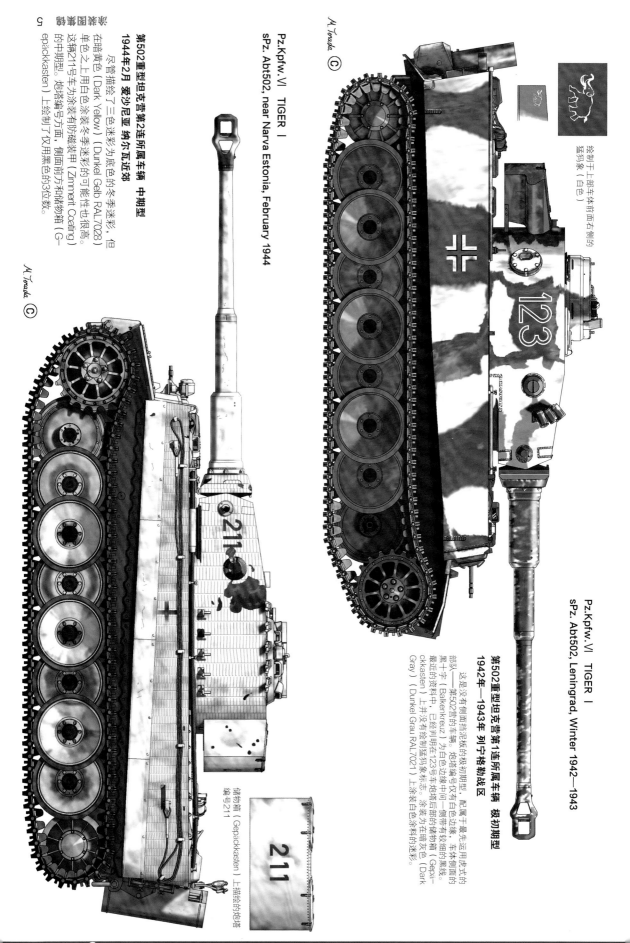

绘制于上部车体前面右侧的
猛犸象（白色）

Pz.Kpfw.Ⅵ TIGER I
sPz. Abt502, Leningrad, Winter 1942—1943

第502重型坦克营第1连所属车辆 极初期型
1942年—1943年 列宁格勒战区

这是没有侧面挡泥板的极初期型，炮塔编号仅有白色边缘，车体侧面的黑色——第502营的车辆，配属于最先运用虎式坦克的部队——第502营的车辆，配属于最先运用虎式坦克的部队。黑十字（Balkenkreuz）为白色边缘的黑色。最近的资料中，已经判明在23号车炮塔后部的储物箱（Gepä-ckkasten）上并没有绘制猛犸象标志。涂装为在暗灰色（Dark Gray）（Dunkel Grau RAL7021）上涂装有白色涂料的迷彩。

Pz.Kpfw.Ⅵ TIGER I
sPz. Abt502, near Narva Estonia, February 1944

第502重型坦克营第2连所属车辆 中期型
1944年2月 爱沙尼亚 纳尔瓦近郊

尽管描绘了三色迷彩为底色的冬季迷彩，在暗黄色（Dark Yellow）（Dunkel Gelb RAL7028）单色之上用白色涂装冬季迷彩的可能性也很高。这辆211号车为涂装有防磁装甲（Zimmerit Coating）的中期型，炮塔编号为方形，侧面前方和储物箱（G-epäckkasten）上绘制了仅用黑色的3位数。

储物箱（Gepäckkasten）上描绘的炮塔编号211

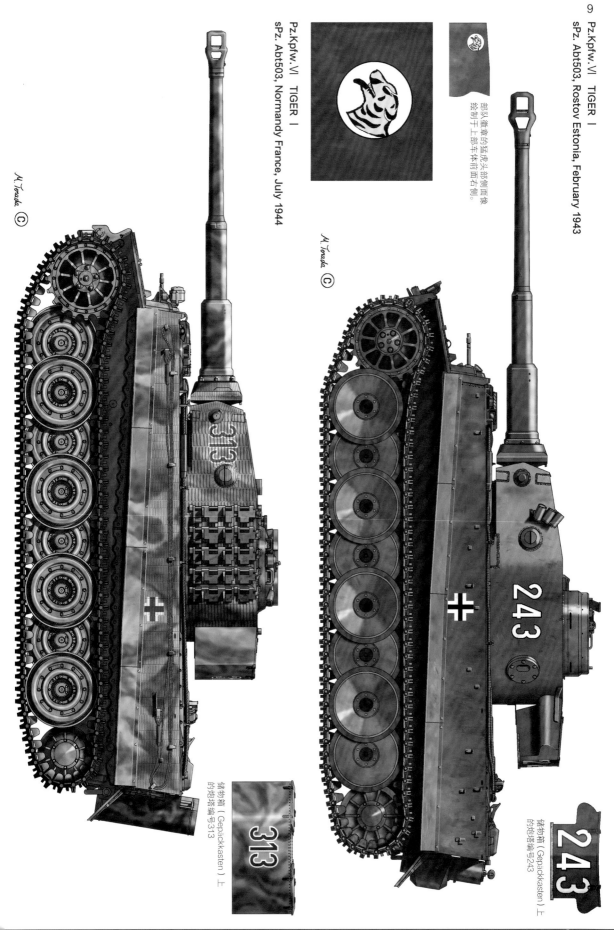

6

Pz.Kpfw.Ⅵ TIGER Ⅰ
sPz. Abt503, Rostov Estonia, February 1943

部队徽章的猛虎头部侧面像
绘制于上部车体前面右侧。

Pz.Kpfw.Ⅵ TIGER Ⅰ
sPz. Abt503, Normandy France, July 1944

储物箱（Gepäckkasten）上
的炮塔编号313

储物箱（Gepäckkasten）上
的炮塔编号243

P.Z.Kpfw.Ⅵ TIGER Ⅰ

Pz.Kpfw.Ⅵ TIGER Ⅰ
sPz. Abt504, near Pisa Italy, June 1944

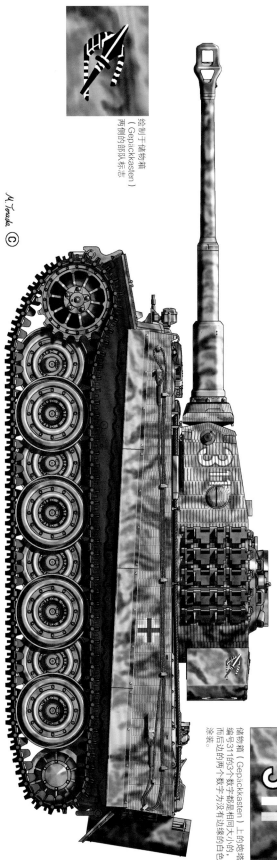

（Gepäckkasten）
两侧的部队标志

M.Terada ©

储物箱（Gepäckkasten）上的炮塔
编号311的3个数字都是相同大小的，
而后边的两个数字为没有边缘的白色
涂装。

因为输入了无线操控部队的车辆，所以炮塔右侧面
前方装备了无线电天线。

6页上图 炮塔编号243
第503重型坦克营第2连所属车辆
1943年2月 爱沙尼亚罗斯托夫近郊

暗灰色（Dark Gray）（Dunkel Grau R-
AL7021）单色涂装的极初期生产车。虽然
前部挡泥板装备了标准型，却可以确认侧面
挡泥板则装备的是前侧装备较后方的要短一
些的类型。炮塔绘号为较细的带黑边的白色
绘制于炮塔侧面中央和储物箱（Gepäckka-
sten）（国家徽章成在头侧面描绘于上部车体前侧，
部队徽章虎头侧面描绘于上部车体前侧，
自这一年的春天之后，该部队标志就再没有
做了位置偏移。
在车体上绘制了。

6页下图 313号车
第503重型坦克营第3连所属车辆
1944年7月 法国诺曼底

此车为最后期型，涂装了暗黄色（Dark
Yellow）（Dunkel Gelb RAL7028），橄榄绿
色（Olive Green）（Olive Grün RAL6003），红
褐色（Red Brown）（Rot Braun RAL8017）
的三色迷彩，减少了暗黄色（Dark Yellow）
的面积。炮塔绘号用带白边的黑色字样绘
于炮塔前方侧面和左右储物箱（Gepäckka-
sten）。为了不让黑十字（Balkenkreuz）（国
籍标志）覆盖到第6负重轮后方上部，向下
做了位置偏移。

7页
第504重型坦克营第3连所属车辆
1944年6月 意大利 比萨近郊

311号车（后期型）炮塔右侧面前方装备
了无线电天线。涂装以暗黄色（Dark Yellow）
（Dunkel Gelb RAL7028）为基础，再随机喷涂
橄榄绿（Olive Green）（Olive Grün RAL6003）和
红褐色（Red Brown）（Rot Braun RAL8017）
绘的喷涂迷彩，储物箱（Gepäckkasten）两侧描
绘有部队标志。国籍标志黑十字（Balkenkre-
uz）在左右两面上均做了位置偏移。

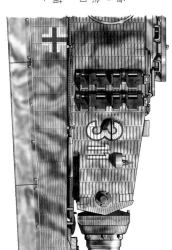

Pz.Kpfw. Ⅵ TIGER Ⅰ
sPz. Abt505, Middle Russia, Spring 1944

M. Terada Ⓒ

"骑马冲锋的骑士"的部队标志。因尚未能判明马匹的布料颜色，所以绘制了3种颜色的标志。

Pz.Kpfw. Ⅵ TIGER Ⅰ
sPz. Abt506, Ukraine, April 1944

M. Terada Ⓒ

本部所属车辆　　第1连所属车辆

第2连所属车辆　　第3连所属车辆

储物箱（Gepäckkasten）的部队标志。

储物箱（Gepäckkasten）的炮塔编号301。

P.z.Kpfw.Ⅵ TIGER Ⅰ

Pz.Kpfw.VI TIGER I
sPz. Abt507, Brody Poland, April 1944

部队标志"盾牌中的刀剑铁匠"
绘制于上部车体前方左侧和车体
后部左侧上方。

M. Terada ©

储物箱（Gepackkasten）的炮塔编号114

8页上图 炮塔编号301号车
第505重型坦克营第3连所属车辆 后期型
1944年春 苏联中部

炮塔侧面前方著名的"骑马冲锋的骑士"部队标志
是刻画出了四角形画成的，与匹上的布料颜色被认定为并
未涂从子"连"的序列色。
本导从子绘制成红色和蓝色，目前尚未判明，因为先排
断就只有绘制成红色和蓝色，所以从推定上也绘制了
青色。此外，在此营中，炮塔编号为带白边的黑色文
字。迷彩推定为在暗黄色的套筒和储物箱（Gepackkasten）
后方。迷彩推定为在暗黄色（Dark Yellow）（Dunkel
Gelb RAL7028）上涂装红褐色（Red Brown）（Rot
Braun RAL8017）的迷彩。

8页下图 炮塔编号6号车
第506重型坦克营第1连所属车辆 中期型
1944年4月 乌克兰 伦贝格近郊

在此营中，因为炮塔编号是根据营中的序列色来进
行区分的，第1连为白色，第2连为红色，第3连为黄色
（本部车辆为绿色），所以"白色的6"为第1连所属车
辆。炮塔后方绘有抓在红底白十字盾牌的老虎和字母W
相互组合形成的彩色部队标志。W的颜色也遵从子部队
序列。迷彩为在暗黄色（Dark Yellow）（Dunkel Gelb
RAL7028）上涂装红褐色（Red Brown）（Rot Braun R-
AL8017）的双色迷彩，国籍标志黑十字（Balkenkreuz）
并未绘制。

9页 炮塔编号114号车
第507重型坦克营第1连所属车辆 中期型（推测）
1944年4月 波兰 布罗迪

炮塔编号中，只有展现到连的第1个数字较大，第2和
第3个数字的大小则为第1个数字的七成大，形成了较为
特殊的车体特征。数字的颜色为黑边的白色，第5负重轮左
侧上面绘制有相较标准要稍小一些的国籍
标志黑十字（Balkenkreuz）。照推测，部队标志"盾
牌中的刀剑铁匠"应该绘制在上部车体前方左侧和车
体后面左侧上方的未涂膜的部位上。虽然涂装推测为三
色迷彩，但此模式也是推测的涂装模式之一。

Camouflage Scheme

Pz.Kpfw.VI　TIGER I
sPz. Abt508, near Roma Italy, February 1944

A.Terada ©

炮塔右侧面，有无线操控用的天线基座（将板子进行弯折）。

作为部队标志的野牛描画

储物箱（Gepäckkasten）的炮塔编号3，也有在其右侧描绘有部队的野牛标志的车辆。此车辆上并未确认。

10页 炮塔编号3
第508重型坦克营第3连所属车辆
1944年2月 意大利 罗马近郊

此车辆为无线操控车型的中期型，描图中描画的第3连里，就只用自己车体右边字体标志了连编号。图中的示例为在炮塔和车体两处地方上描画了标记（Gepäckkasten）上也标记了连编号的例子。储物箱（Gepäckkasten）上也标记到了连编号的"3"字，此车辆尚未确认。涂装为暗黄色（Dark Yellow）（Dunkel Gelb RAL7028），红褐色（Red Brown）（Rot Braun RAL8017）和橄榄绿（Olive Green）（Olive Grün RAL6003）3种颜色。

11页 上图 炮塔编号234号车
第509重型坦克营第2连所属车辆
1944年夏 乌克兰西部

尽管这是一辆装备了钢制负重轮的后期生产型，却安装了老式的直径较大的诱导轮。炮塔编号仅为黑色，描绘于炮塔侧面前方和储物箱（Gepäckkasten）后面。1944年秋，追加了白色边缘。其他车辆自夏天起的描画十字（Balkenkreuz）在本车辆上并未进行描画。涂装推定为暗黄色（Dark Yellow）（Dunkel Gelb RAL7028）和橄榄绿（Olive Green）（Olive Grün RAL6003）的双色涂装。尽管在第509营中，将猛虎侧腹的标志设计成了其标志，但似乎并未在本车辆上进行描画。

11页 下图 炮塔编号124号车
第510重型坦克营第1连所属车辆
1944年8月 立陶宛 阿克梅内近郊

此为最后期型，炮塔编号124号的位置很有特点，标记于储物箱（Gepäckkasten）左右稍前的地方。只不过因为右侧有逃跑用舱盖和左侧的高度有差异，所以只能描绘到舱盖中央位置上，所以位置在第7负重轮的高度。黑十字（Balkenkreuz）标记在第7负重轮的高度。第510营的部队徽章为"站立的熊"，绘制于车体后部右侧，涂装方面，大致是在暗黄色（Dark Yellow）（Dunkel Gelb RAL7028）上用橄榄绿（Olive Green）（Dunkel Gelb RAL6003）绘制出大体的条纹花纹来，然后再在上补添加+红褐色（Red Brown）（Rot Braun RAL 8017）

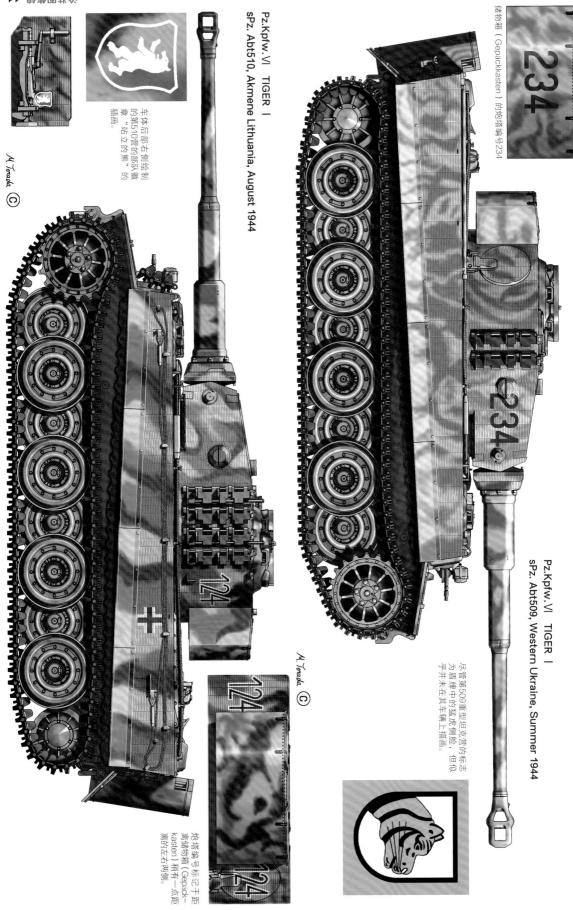

储物箱 (Gepäckkasten) 的炮塔编号234

234

Pz.Kpfw.VI TIGER I
sPz. Abt509, Western Ukraine, Summer 1944

尽管第509重型坦克营的标志
为盾牌中的猛虎侧脸，但似
乎并未在其车辆上描画。

Pz.Kpfw.VI TIGER I
sPz. Abt510, Akmene Lithuania, August 1944

车体后部右侧绘制
的第510营的部队徽
章"站立的熊"的
描画。

M. Terada ©

124

124

124

炮塔编号标记于距
离储物箱 (Gepäck-
kasten) 稍有一点距
离的左右两侧。

装涂图案集锦 11

Pz.Kpfw.VI TIGER I
"Großdeutschland", Gumbinnen Lithuania, August 1944

大德意志师所属车辆 后期型
第9连所属第3营
1944年8月 立陶宛 贡宾嫩（现古谢夫 Gusev）

大德意志师第3营车辆涂装中，使用了字母和数字组合形成的黑色文字炮塔编号。虽然储物箱（Gepäckkasten）后部也标志了炮塔编号，但却能够看出涂抹过原本编号的痕迹。黑十字（Balkenkreuz）方面，除了车体侧面左右之外，也在车体后部左侧进行了描画。涂装为暗黄色（Dunkel Gelb）（Dunkel Gelb RAL7028）、红褐色（Red Brown）（Rot Braun RAL8017）和橄榄绿（Olive Green）（Olive Grün RAL6003）的三色迷彩。

储物箱（Gepäckkasten）的炮塔编号A22

车体后面左侧的黑十字（Balkenkreuz）

M.Terada ©

Pz.Kpfw.VI TIGER I
LSSAH ,SS-Panzer-Regiment1, Kharkov Ukraine , April 1943

上部车体前面左侧上标画有盾形标志的各组团是，相叶花纹的部队徽章。其下方侧是相叶花纹的部队徽章。

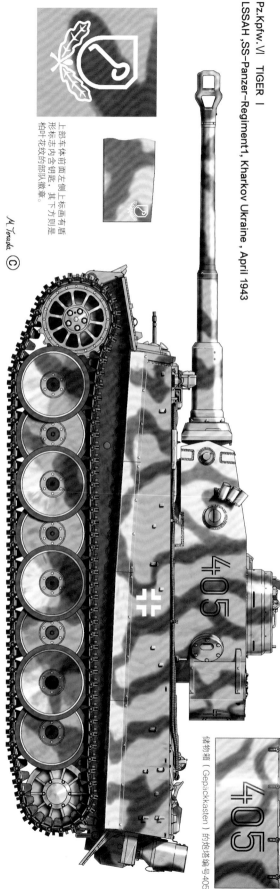

储物箱（Gepäckkasten）的炮塔编号405

M.Terada ©

Pz.Kpfw.VI TIGER I

Pz.Kpfw.Ⅵ TIGER Ⅰ
SS sPz. Abt101, Normandy France, June 1944

储物箱（Gepäckkasten）的炮塔编号131

131

A. Terada ©

12页下图 炮塔编号405号车
党卫军（Leibstandarte）SS 阿道夫·希特勒
（LSSAH）师 SS一师第4连所属车辆
1943年4月 哈尔科夫

本部所属的初期生产型（指挥车型）。储物箱（G-epäckkasten）为老式型的左右两侧线条平行的式样。迷彩方面，虽然描画了暗黄色（Dark Yellow）（Dunkel Gelb RAL7028）和红褐色（Red Brown）（Rot Braun R-AL8017）的双色迷彩，但也有迷彩色实际上是橄榄绿（O-live Green）（Olive Grün RAL6003）的可能性。炮塔编号仅有黑色边缘，而数字的末端则未闭合。描于炮塔左右两侧和储物箱（Gepäckkasten）后部。黑十字（Balkenkreuz）为仅有白色边缘的式样，分别描画于车体左右。上部车体前面右侧，用白色描画了盾形中央色含钥匙和下方带有相叶形的部队标志。

13页 炮塔编号131号车
SS第101重型坦克营第1连所属车辆
1944年6月 法国 诺曼底战区

车体后部装备有主炮运输支架的中期型后期式样的车辆。炮塔编号为较大的粗体车字体，描画成了带白边的橄榄绿（Olive Green）。尽管目前尚未能判明出颜色是否就是与迷彩色相同的橄榄绿（Olive Green）（O-live Grün RAL6003），但在描画中却作为相同色彩进行了描画。部队徽章为两把钥匙相互交错的设计，此外，标画于上部车体前部左侧和车体后部右侧（平行四边形中包含S字样）的志重型坦克战术标志（平行四边形中内含S字样）的标志则在车体上部右侧和车体右侧（并无表示连的数字），对原车的涂装进行了剖面后，分别在以上部位进行了描画。可以推测出，为了让这些标记看起来更为显眼，标记之下涂装了红褐色（Red Brown）（R-ot Braun RAL8017）。迷彩为三色迷彩，此车辆的炮管位给人一种调校暗的感觉，所以描画成了无法看清暗黄色（Dark Yellow）（Dunkel Gelb RAL7028）的状态。

展现重型坦克方连的战术标志（平行四边形中内含S字样）

两把钥匙相互交错的新设计的部队徽章

车体后部左侧的部队徽章

S 1

车体后面右侧的战术标志

上部车体前面的状态。此为展现各标志位置的插图。

帝国师SS第2坦克师第8连所属车辆
S33号车 1943年7月 库尔斯克

具有着刚刚成为初期型之后不久特征的车体。装备了极初期型的储物箱（Gepäckkasten），撤掉了排气管罩和炮塔侧面的烟雾弹发射器，并且去除空气滤清器。本车辆因车体侧面靠前部位和上部左体前侧右侧描画了倒写的汉字"福"字而颇为有名。此标志为中国的祈福标志，代表着"倒福（倒写的福字）"即"到福（福气来到）"。"倒福"与"到福"颜色相同，推测是为新褂好远的前部的标志，推测为黄色底色上的红色文字。此标志外侧下部，标记有城堡（Zitadelle）行动（库尔斯克会战）的白色文字。

克会战）时的部队识别标记（库尔斯克标志）的白色如尼文字。相反面的左前面则描绘了被称为"狼之钩（Wolfsangel）"的师标志。炮塔侧面的民间传说中的恶魔之上，基底色被覆盖涂装上暗黄色（Dark Yellow）（Dunkel Gelb RAL7028），然后再用红褐色（Red Brown）（Rot Braun RAL8017）和橄榄绿（Olive Green）（Olive Grün RAL6003）组合成了三色迷彩。

上部车体前面的状态。图为各标记位置的描图。

民间传说中的恶魔的图画。虽然也被称为"跳舞的恶魔"，但连恶魔却并非是在跳舞，而是一种形象式的姿势。

储物箱（Gepäckkasten）的炮塔编号S33。

城堡（Zitadelle）行动（库尔斯克会战）时的部队识别标记（库尔斯克标志）。

"福"（倒置的福）的汉字

被称为"狼之钩（Wolfsangel）"的师徽章

N. Terada ©

Pz.Kpfw.VI TIGER I
SS-Panzer-Abt102, North France, August 1944

SS第102重型坦克营第1连所属车辆
1944年8月 法国北部战区

装备了轻量型炮口制退器的后期型。主炮瞄准器为单眼式的TZF9c。炮塔上面板形成了凸起。增厚后的分量在上侧应成安装有安装动臂起重了40mm，但推测该车应装有安装动臂起重未得到确认，因而进行了描画。

涂装以橄榄绿(Olive GrünRAL6003)、红褐色(Red Brown)(Rot Braun RAL8017)形成面积较大的带状迷彩，暗黄色(Dark Yellow)(Dunkel Gelb RAL7028)露出的部分较少，整体呈现出较为暗淡的感觉。3位数的炮塔编号方面，有白色边缘，而储物箱(Gepäckkasten)后部则是以黑十字(Balkenkreuz)标志。此外，此132号车上并未看到坦克营上部的部队徽章，所以并未能够黑十字营上部的部队徽章，"击中地面的闪电"的粉色的SS第102重型坦克营的部队徽章，而在此章标记于车上部的和车体前面左侧，确认到了于上描画有预备履带的车辆中，炮管上描画有20条以上的U.S.A.的字样，而其后添加了U.S.A.的字样。在此之后，该车的击破数量标志已经增加到了近50条。

A.Tavada ©

"击中地面的闪电"的
粉色部队徽章

炮塔后部的储物箱(Gepäckkasten)
后面的炮塔编号132

132

从侧面描图状态来看，经过了一段时间之后，此132号车的击破数量标志已经增加到了近50条。

Pz.Kpfw. VI TIGER I
"Totenkopf" SS-Panzer-Regiment 3, Kursk Russia, July 1943

骷髅（Totenkopf）师 SS 第 3 坦克师第 9 连
所属车辆

1943 年 7 月 苏联 库尔斯克

尽管开始时为第4连，也参加了城堡行动（库尔斯克会战）。921号车的插画表明此时的状态（炮塔前部以外为由其他车辆类推）。此车辆在初期型中也是最初期的侧面的型与，储物箱（Gepäckkasten）也是极初期型，为了不干扰到逃生舱而进行了偏移。炮塔侧面的烟雾弹发射器连同支架一起破撤除掉了。涂装方面，基底色为暗黄色（Dunkel Gelb RAL7028），其上覆盖喷涂了红褐色（Rot Braun RAL8017）和橄榄绿（Olive Grün RAL6003），形成了暗黄色面积较少的状态。炮塔编号方面，用暗黄色覆盖掉了原先第4连时代的编号，用带有黑色边缘的黄色（或者是暗黄色）进行了标记。此外，在上部车体前面的右侧，城堡（Zitadelle）行动时的部队识别标志，用黑色标记了3根纵向的线条（也有未进行标记的车辆）。

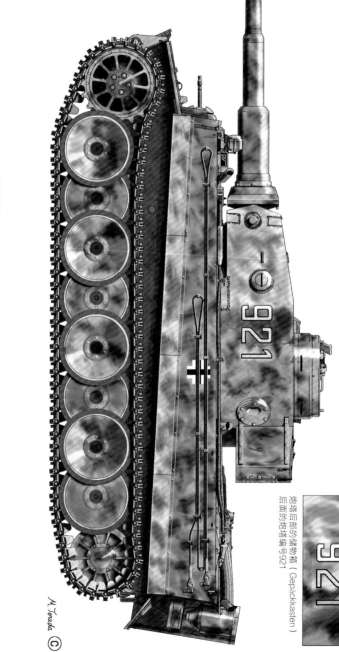

标记于上部车体前面的右侧，3根黑色竖线的城堡（Zitadelle）行动时的部队识别标志（库尔斯克标志）的划如尼文字。左侧为其扩大插图

炮塔后部的储物箱（Gepäckkasten）后面的炮塔编号921

LEGENDARY TIGER TANK

传说中的兵器
——虎式坦克

文：Kitamura Hiroshi
照片：伽利略出版
弗朗克·施尔茨
仁科谅

■虎式坦克传说

在模型爱好者的世界中，一旦提到坦克，众位首先会列举出的大概就是这辆虎式坦克了吧。光是虎式坦克本身就已经形成了一种近乎传说的感觉。1969年发售的TAMIYA的1：25比例"虎Ⅰ型坦克"，无疑已经成为了"无敌坦克虎式"的传说蔓延开来的起爆剂。而对那些更为年长的人来说，少年漫画杂志卷首刊登的高荷义之和富冈吉胜的《魏特曼物语》或许已经形成了萌芽，而有关这段黎明期（？）的情况，还希望能够多聆听参考一下各位前辈们的"证词"……

■陆军重型坦克营

从1941年6月起，为了能与东部战线战斗中的苏军T-34坦克和KV坦克对峙，德军酝酿制造出了增强过武装和装甲的豹式坦克和虎式坦克。尽管这两款坦克都可以说是德军代表性的坦克，但其运用的方面却可谓是相辅相成、彼此互补的，豹式坦克为替代Ⅳ号坦克的主力坦克，而虎式坦克则可以说是相应的支援型坦克。

相较之下，虎式坦克结构复杂，是一种成本更高的兵器，所以相较于其名声，它的生产数量却并不太多。因此，大体来说，基本上就只在独立的3个连编制的重型坦克营中配备了该坦克，而实际运用时则更为灵活多样。只不过，在德军还只有第501~第504重型坦克营的1943年年初，陆军的"大德意志（Großdeutschland）"装甲掷弹兵师中就编成了第13（虎式坦克）连。而这支坦克连其后也被扩编成了坦克团中唯一的（第3）虎式坦克营，1944年12月，成为了直属于GD装甲师的GD重型坦克营。

此外，陆军的第501重型坦克营在1944年年底成为了第ⅩⅩⅣ装甲师的直属，其部队编号也相应地改成了第424重型坦克营（各师的直属部队中，都会主要在这些师编号加上400，形成新的部队番号）。这也是陆军的第501~第503营将其部队番号转让给SS营的经过。

■党卫军（SS）重型坦克部队

同样，1943年年初，虽然也为SS装甲师计划了重型坦克营，但其结果是，最后是在SS第1~第3装甲掷弹兵师的坦克连队中各配属了一个虎式坦克连。

这3个连最后也分别成为了其后的SS第101~第103（SS第501~第503）重型坦克营的母体，成为了SS第1~第3装甲师的直属部队。

■进攻与防守的重心所在——重型坦克营

为装甲部队配备的重型坦克营，具有着可以说得上"如虎添翼"般的强大攻击力，但当初陆军的第501、第502（后改称第511营）、第503［后改称"统帅堂（Feldherrnhalle）"营］和第504~第510重型坦克营却是步兵师等攻击的强力助手，既是防守的重心所在，同时也是值得信赖的"殿后部队"。

此外，虽然也拥有虎式坦克连规模部队的存在，但其中的一部分却被编入了重型坦克营。在此外的部队，尤其是在战争即将结束之前的部队当中，与其说是虎式坦克部队，倒不如说是同时装备有虎式坦克的混编坦克部队的色彩还为浓厚一些。

获得金质德意志十字勋章后的肯斯佩尔。作为虎式 II 的战车长活跃于战场上，直至战死。他拥有击毁162辆以上的纪录。

■ TIGER "虎式"的栖息范围

因为虎式坦克是一种较为稀有的种类，所以它也并未达到在德军所到之处尽皆可见的程度，但在以1942年秋的列宁格勒战线为起始，与北非的突尼斯中北部、斯大林格勒和高加索撤退相关联的顿河战线，上述部队中的3个精锐连在哈尔科夫战斗大显身手，在投入了大于3个营战力的库尔斯克战役、西西里岛、安齐奥桥头堡和意大利、敖德萨包围战、诺曼底战役、夺桥战役、阿登战役、库尔兰战役、匈牙利，以及德国本土和第二次世界大战后半期的主要战斗中也彰显了其强大的威力。

■ 重型坦克营的活跃表现

那么，虎式坦克部队的活跃表现究竟如何呢？作为衡量个别部队功劳的"标尺"，接下来就说一说虎式坦克部队授勋的情况吧。

拥有着第1号的部队番号，曾在北非的突尼斯和东部战线中奋战的第501重型坦克营中只有营长罗威少校在战死后接受了橡树叶奖章，而金质德意志十字勋章的获得者也只有一人。

最初的实战部队——第502重型坦克营中，骑士铁十字勋章获奖者有7人（其中3名也获得了橡树叶奖章），是虎式部队中获奖最多的。之所以如此，是因为该部队战斗时间较长，此外再加上该部队于1942年到1944年间，被配置到了几乎没有其他坦克部队展开的东部战线北部战区。而这些情况，也对获奖的状况产生了极大的影响。

在第503重型坦克营中，骑士铁十字勋章获奖者虽然只有两名，而金质德意志十字勋章的获得者却多达14名，成为了获奖者最多的部队。

■ 吉尼斯纪录保持者
库特·肯斯佩尔中士

比方说，在德国空军的战斗机飞行员中，哈特曼上校的352架敌机的击落数量也被认定成了吉尼斯纪录的保持者。在空战当中，僚机形成的击坠的确认应该是相对容易的。但是，在地面战当中，击毁数量是否能够准确进行确认呢？魏特曼SS上尉在其战历中保持着击毁敌方138辆坦克的官方数字，而在1944年1月13日的国防军公报中，则传报了其纪录完成过程中的"击毁第66辆敌军坦克"的消息。

如果要问是否还存在其他具有着公认击毁数的"虎式驾驶员"的话，那么当然还有。1944年4月25日的国防军公报中，留下了"东部战线的某重型坦克营的肯斯佩尔下士，自1942年7月到1944年

重型坦克营编制

图中为展现虎式重型坦克营基本编制的图表。重型坦克营采用了3个连合编为一个营的编制，各连为由4辆坦克编成的3个排和连本部2辆坦克，共计14辆坦克的形式。也就是说，3个连42辆坦克，再加上营本部车辆的指挥坦克车型3辆，共计45辆坦克组成规定的编制辆数。此外，每个连也有灵活处理运用的情况存在。

营本部车辆	第1连本部-2辆	第1排-4辆	第2排-4辆	第3排-4辆
指挥坦克 指挥坦克 指挥坦克	第1连 所属车辆数 共计14辆			

第2连与第1连的车辆数相同

第3连与第1连的车辆数相同

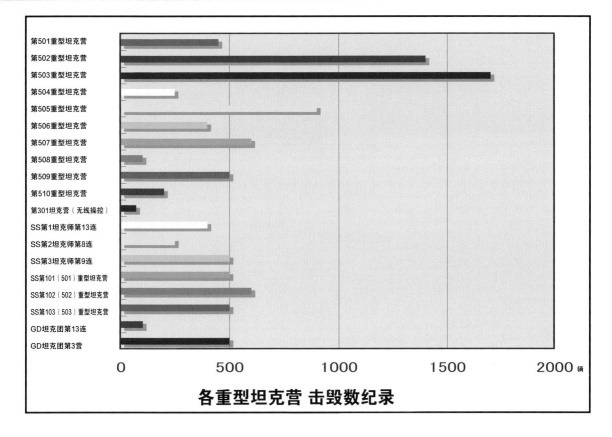

各重型坦克营 击毁数纪录

3月里，前后共计击毁敌军坦克101辆"的记录。肯斯佩尔为第503重型坦克营第1连的虎式I型坦克的炮手。而如今，他已经成为了德军中击毁敌军坦克最多，公认至少击毁过162辆敌军坦克的纪录保持者。编写本书时，对此数据也进行了再次确认，相关数据也在吉尼斯纪录中得到了认定，而与之相抗衡的第502重型坦克营的卡尔尤斯少尉也保留下了150辆以上或200辆的数字。

■第12装甲师、第13装甲师时代

肯斯佩尔生于1921年，于1940年年初应征入伍，在其志愿参加的坦克部队中接受了训练。训练结束后，1940年10月，他被配属到了第12装甲师第29坦克连队第1营中装备有IV号坦克的第3连里。

新晋坦克兵最初的工作一般都是担任装填手的任务。他作为IV号坦克的成员，在1941年6月起的苏联进攻计划中迎来了最初的战斗。同年秋，肯斯佩尔成为了凡德萨克中士的IV号坦克的成员，年底，肯斯佩尔荣获了二级铁十字勋章和坦克奖章。到了1942年，肯斯佩尔又成为了鲁贝上士的IV号坦克F型的炮手。

在战力出现了消耗的第29坦克团中，为了整编补充第1营，于1942年春归国。但是，之后营也并未回归第29团，而是

作为第3营（第7~第9连）被编入了第13装甲师第4坦克团中。肯斯佩尔所属的第9连带着长炮管的IV号坦克，在1942年8月初抵达了东部战线的南部战区。

依照先前国防军公报中的说法，肯斯佩尔的战果可以说是其后达成的，而此时他似乎并未搭乘鲁贝上士的IV号坦克。

其后，第13师开赴高加索，与敌军作战。然而，12月，在斯大林格勒的德军的情势变得不利，坦克数量锐减的第4坦克团将第II坦克营留在前线，返回了国内。

■第503重型坦克营时代

到了1943年，尽管他营回到了第29团第1营里，但不久之后就改成了第508坦克营，来到临近北海的普特罗斯（Putlos）接受了虎式坦克的训练。

1942年12月，此地成为其后的虎式坦克部队的第500坦克补充营。然而，他们营中却并未分到虎式坦克，而是被返回到了原本的第29团第1营中。只不过，包括肯斯佩尔和鲁贝的士兵们，却和第500营一起转移到了帕特博恩继续展开训练，之后成为了第503重型坦克营的一员。

为了掩护从高加索撤下来的德军，

肯斯佩尔作为炮击手留下的击毁纪录是从IV号坦克的长炮管型开始计算的。

1942年年底起，第503重型坦克营开赴部署到了苏联南部。该车辆中，炮塔后部的储物箱（Gepäckkasten）为挪用自III号坦克的初期型。

自1942年年底起，尽管第503重型坦克营已经在顿河河口展开了战斗，但到了翌年的春天，该部队被撤到了哈尔科夫，营长也改换成了伯爵冯·卡格内克上尉。而后，营中补充了虎式I型坦克，被配属到第3装甲师，准备参加"库尔斯克战役"。

营的3个连被分配到集团军的3个装甲师中参加战斗，肯斯佩尔所属的布尔梅斯特上尉（库尔斯克战役中获得了金质德意志十字勋章，1944年作为第509重型坦克营营长获得骑士十字勋章。）的第1连，和第6装甲师一起担任了由南方夹击库尔斯克突出部的任务。

虽然至今无法明确地确定库尔斯克会战时肯斯佩尔的搭乘车辆，但配合相关的情报，我们可以得出以下结论。首先，在攻势开始时，他在凡德萨克上士的131号车中担任炮手。但是，因为上士生病的缘故，连前任士官哈泽上士代替其进行指挥，亲眼目睹了肯斯佩尔的高超本领。击毁了大量敌军的T-34坦克，为战斗做出了巨大的贡献，获得了一级铁十字勋章，升任了下士。

其后，尽管营在乌克兰展开了撤退战，但此时却留下了肯斯佩尔在瑞普中士的虎式I型中担任炮击手的情报。据说瑞普的虎式和鲁贝（114号）车相互称呼对方"马克斯和莫里茨（Max und Moritz）"。作为特殊编成的贝克重型坦克团的一部分，在切尔卡瑟等战斗中，肯斯佩尔的出击次数非比寻常，时常成为战斗的焦点，不断积累击毁数量，最终达成了1944年4月的国防军公报中的数量。另一方面，凡德萨克上士在获得日期为1943年10月7日的金质德意志十字勋章之后，又获得了日期为1944年3月27日的陆军荣誉勋章，库尔斯克会战之后，估计也依旧还是肯斯佩尔的坦克车长。在这一年冬天的战斗里，第1连连长接连战死两位，德军失去了包括中士的131号车等在内的多辆虎式坦克。

提到击毁敌军坦克101辆这样的战绩，是完全有资格接受铁十字骑士勋章的，但肯斯佩尔下士受颁了日期为1944年5月20日的金质德意志十字勋章。在相距不远的战区中，魏特曼凭借着更少的数量，获得了铁十字骑士勋章，同时，后来其炮击手沃尔SS中士也获得了相同的勋章，从这一点来看，让人稍感觉有些不公。

第503营中，第3连连长谢尔夫中尉获得了日期为1944年2月23日的骑士铁十字勋章，而在营当中，此人也是紧随卡格内克之后的第2个，也是最后一个获得勋章的人。只不过，坦克的炮手名字被列举到国防军公报上，也可以说得上是一种极为罕见的例子了。

另外，据说共计击毁了敌军106辆坦克的第3连的隆德尔夫也在同一天获得了金质德意志十字勋章。

虽然笔者对其击毁数量颇感怀疑，但从库尔斯克会战之后到1944年3月底，第503营补充了两个营份额以上的92辆虎式坦克，而在撤离东部战线时就仅剩下7辆的事实来看的话，或许该数据也只是"相去不甚远"的感觉罢了。

■虎式II型坦克

1944年春，第503重型坦克营重新整编，回国后，于奥尔德鲁夫演习场暂时落脚。之后，直至6月中旬前后，503营接受了战力补充，第2连、第3连补充了虎式I型坦克33辆，而第1连则补充了12辆保时捷炮塔的虎式II型（虎王）坦克。

库尔斯克会战前后的第503重型坦克营第2连所属车辆的初期型。

库尔斯克会战时被苏军擒获的第503重型坦克营第1连所属车辆。

第1装甲师中，于1941年获颁过骑士铁十字勋章的新营长弗罗密中尉所率领的部队被投入到了诺曼底战线中，7月中旬起，转战到了卡昂的南部地区。肯斯佩尔作为艾姆拉中尉第1连的炮手，也在此地大展身手。在西方联军的物量战术中，充当先锋的第3连损耗严重，为了补充战力补给，在7月底就早早地返回了国内。其后，他们又在8月带着虎式II型返回了前线。1连里，7月18日，111号车中弹，第1排排长施勒德少尉战死。8月14日，凡德萨克上士受了致命伤，所以几乎就没留下过什么驾驶虎II型大展身手的故事。诺曼底的德军在8月下旬被包围到了法莱斯，遭遇了毁灭性的打击。

尽管第503重型坦克营逃过了这一劫，但在撤退途中却因为燃料不足的原因，被迫自己动手破坏了其装备的坦克。据说最后的虎式II型中的一辆因车长身受重伤，所以由肯斯佩尔下士代替指挥，还在远距离下击毁了追击而来的盟军坦克。但是，即便如此，也还是没能东渡过塞纳河。

担任别动队的第3连在破坏了最后一辆虎式II型坦克之后，503营于帕特博恩集结，9月底之前，接受了45辆虎II型的战力补充。之后，9月25日，作为宣传素材，其"行进"场面被拍摄了下来，并在日期为10月12日的《德意志每周新闻》第736期中公开登载。在登载的照片上，可以看到虎式II型坦克的指挥塔上，佩戴着金质德意志十字勋章的肯斯佩尔的身姿。尽管无法查明其车体编号，但该照片却也证明，此时的肯斯佩尔已经担任了坦克车的车长。因为身材并不高大的缘故，照片上的中士在佩戴那块硕大的勋章时，勋章甚至遮挡住了他右胸上的秃鹫的国家徽章。

不久，503营被派往了布达佩斯近郊。10月，因轴心国匈牙利也出现了政变的动向，斯科尔兹内SS少校的特别部队镇压了这场政变，而第503重型坦克营的一部分也在这一役中发挥了重要的作用。

与上方的照片为同一车辆的132号车。炮塔上装备了烟雾弹发射器、车体上装备了高爆榴弹发射器（S雷）和空气滤清器，这也是初期型的完整装备状态。

虎式坦克的王牌驾驶兵们
TIGER ACES

Kurt Knispel

第二次世界大战击毁敌军168辆的王牌
库特·肯斯佩尔中士
Feldwebel Kurt Knispel
第503重型坦克营 / 搭乘虎式Ⅰ型、虎式Ⅱ型

　　提到虎式王牌的话，那么想必众位都会联想起鼎鼎大名的魏特曼和卡尔尤斯，但其实还有击毁敌军坦克数量远超他们两人的下级士官。他就是击毁敌军168辆坦克（算上未能确认的数量，据说甚至高达195辆），第二次世界大战中击毁敌军坦克数量最多的库特·肯斯佩尔中士！

　　这位不为人知的虎式王牌其实是位从在视野中捕捉到敌军坦克到发射出炮弹只需要短短两秒钟的著名炮长。

　　肯斯佩尔之所以不像魏特曼等人一样有名，有人觉得是因为他身为炮长的分工，也有人觉得是因为其军阶较低的缘故，总之这一点至今还是个谜。肯斯佩尔不贪图名声，极为重视与战友之间的信任关系，所以相对的，他并不是很受上层的赏识，甚至传言说他的战功里做了手脚。（尽管受颁了金质德意志十字勋章，但前后4次的推荐都没能让他获得骑士铁十字勋章。也有传闻说，是因为他自己个人不大喜欢张扬，所以故意拒绝了推荐。）

金质德意志十字勋章

　　在搭乘4号坦克时，他也曾经在一次战斗中接连击毁过敌方24辆坦克，作为炮长大展身手。其后，成为虎式坦克的炮长之后，他继续大展身手，也留下了在相距2400m的距离下击毁敌方T-34坦克的纪录。

　　诺曼底战役之后，肯斯佩尔搭乘了虎式Ⅱ型（虎王坦克），而在他的营自西部战线转移到东部战线之后，他成为了车长，再次展现出了击毁敌军42辆坦克的身手。最后，他一路转战到自己的故乡捷克，于1945年4月28日战死。这是一位不为人知的虎式王牌。

最为有名的坦克杀手
米歇尔·魏特曼SS上尉
SS Hauptsturmführer Michael Wittman
第101SS重型坦克营 / 搭乘虎式Ⅰ型

　　家喻户晓的虎式王牌。作为可谓世界上最为有名的坦克杀手，在第二次世界大战初期，他搭乘了3号突击炮A型并展现了不凡的身手。其后，作为虎式坦克车长，他奔赴东部战线，在库尔斯克的坦克大决战中，击毁了敌军30辆坦克。其后，他的敌军坦克击毁数达到60辆之后，他获颁了骑士铁十字勋章。达到88辆时，他再次被授予橡树叶骑士铁十字勋章，并被提升成了中尉。这些全都成为了东部战线上的纪录，但他的活跃表现却并不仅限于东部战线。

库特·肯斯佩尔的搭档。右侧的肯斯佩尔并不是个子很高的人，不过作为坦克兵来说也许是适合的。

橡树叶骑士铁十字勋章

骑士铁十字勋章

双剑银橡叶骑士铁十字勋章

而提到魏特曼展现出的最高技艺，同时也是最后的一次大展身手，恐怕还得数在诺曼底与英军的萤火虫坦克和克伦威尔坦克之间的对决了吧。

魏特曼指挥的新锐SS101重型坦克营第2连歼灭了敌军的英军坦克连，阻止了在维莱博卡日的英国第7装甲师（曾在北非大展身手，通称"沙漠之鼠"）的行动。魏特曼晋升为上尉，接受希特勒颁发双剑银橡叶骑士铁十字勋章。正常情况下，他应该会由此撤到后方，担任坦克教官等职务，但魏特曼却立刻返回到了同伴们坚守的前线！

其后，虽然魏特曼在面对英国装甲部队时也大展了身手，但最后还是在1944年8月8日被萤火虫的17磅炮击中，迎来了最后的时刻。最终，魏特曼的敌军坦克击毁数为138辆。尽管击毁数量也绝非寻常，但更重要的是，他直到最后依旧身处前线，也能说得上是一段传说了。

与魏特曼形成鲜明对照，难分伯仲的虎式王牌

奥托·卡尔尤斯中尉
Oberleutnant Otto Carius
第502重型坦克营／搭乘虎式I型、猎虎

依靠侦察行动和整备来驾驭虎式坦克的虎式王牌。他所搭乘的车辆，其后也成为了TAMIYA的套件，其战斗故事甚至还被漫画化，最终令众多人也得知了他的存在。

让他一战成名的战斗，就是在苏联杜纳堡东部马利诺沃的战斗。当时，他率领着7辆虎式坦克，与以斯大林重型坦克为中心的苏联第1坦克旅展开激战，击毁了敌军17辆坦克。最后，他还搭乘了猎虎战车，击毁了共计150辆以上的敌军坦克。他的战友阿尔伯特·科舍尔中士也击毁了敌军100辆以上的坦克，获颁了骑士铁十字勋章。

第4名虎式王牌来自东部战线 Johannes Bolter
约翰尼斯·鲍尔特上尉 第502重型坦克营

尽管和克里斯托弗·普卢默长得颇为相像（？）的约翰尼斯·鲍尔特也和卡尔尤斯在同一连里任过职，但后来他却被转移到了第1连，并成为了该连的连长。他也同样在东部战线上击毁了潮水般涌来的苏联坦克，留下了击毁63辆苏联坦克和50门反坦克炮的传说。最后，他换乘到了虎王坦克上，以139辆的数字锁定了他最终的纪录。战后，尽管他曾在苏联以战犯嫌疑而遭到逮捕，但最终苏联方面却还是没有找到任何证据，而他自己也在1950年和妻子一起骑摩托车逃到了西德。

1944年9月25日，行进于帕特博恩的装备有固定数量虎式II型的第503重型坦克营。

其后，503营转移到了东方的蒂萨河前线迎击苏军，1944年11月5日的国防军公报上，称赞了"由弗罗密上尉率领的第503虎式坦克营于匈牙利西部英勇奋战"。代替回国的弗罗密，新营长冯·迪斯特-科尔巴（von Deist-Koerber）上尉接任的时候，部队转移到了南部的巴拉顿湖。

在此期间，肯斯佩尔于12月1日升任了中士。而在12月21日，第503重型坦克营也更名成了"统帅堂"重型坦克营，成为了由第IV装甲师更名成的"统帅堂"装甲师的直属部队。

1945年2月，尽管该部队转移到了巴拉顿湖北方的多瑙河前线，暂时性地扼制住了苏军的前进势头，但德军却被3月底开始的春季攻势的大浪所吞没。而该营也边战边退，一路由捷克撤到了奥地利边境上。

肯斯佩尔被任命指挥所剩不多的可动坦克，其间肯斯佩尔接连击毁敌军坦克，3月中，部队向"统帅堂"师报告了他击毁了敌军第162辆坦克的消息。此时，相传营长曾经对肯斯佩尔中士说，如果自己手里有骑士铁十字勋章的话，那么他就会立刻颁发给中士。但是，此勋章是需要希特勒亲自裁断方可颁发的。科尔巴上尉担任营长职务期间的详细状况也保留有书面文件，但当时他推荐授予骑士铁十字勋章的人，就只有已经战死的林肯巴哈少尉。

而先前一直受到幸运女神眷顾的肯斯佩尔也终于迎来了自己生命的最后时刻。4月29日，在接近匈牙利的捷克和奥地利边境地区，一辆T-34发射出的炮弹彻底贯穿了他的虎式II型坦克，引爆了车内的弹药。肯斯佩尔的遗体被埋葬在了捷克的沃斯提兹。

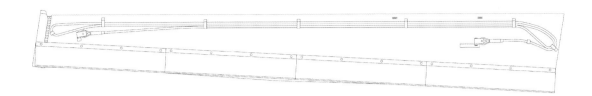

虎 式 I 型 细 节 插 图 解 说

插图/解说：寺田光男
部分插图：远藤慧

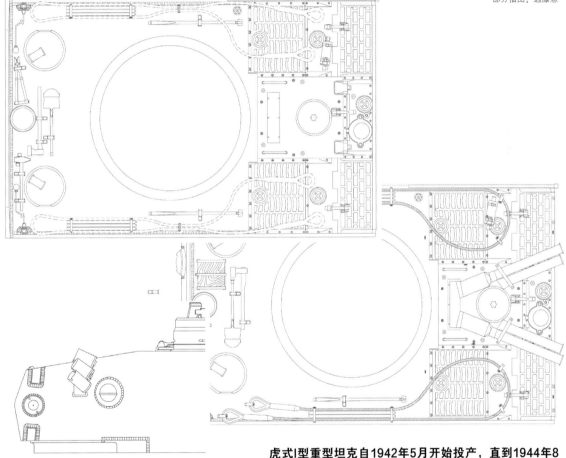

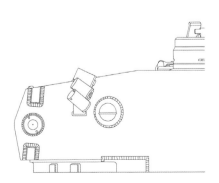

虎式I型重型坦克自1942年5月开始投产，直到1944年8月，前后共计生产了1349辆。尽管其生产周期只有短短的两年零3个月，但在此期间，设计款型的细节不断变更，现在已经将该款型分类成了极初期型、初期型、中期型、后期型和最后期型几种。在当时，德军并未对此进行过较大的区分，说到底，这样的区分也是战后的研究者针对其款型进行的分类，而这也成为了现如今最普遍的一种分类法。接下来，我们将依照这种分类方法，通过插图为您详细解说虎式I型各种细节的变迁。

极初期 INITIAL PRODUCTION

■极初期型 TURRET

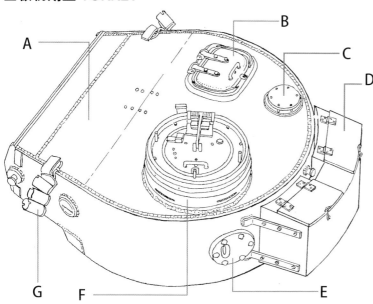

■炮塔

　　这是作为量产型虎式的基本，是刚开始生产时的炮塔。

A：上面装甲板厚度为25mm，向前方倾斜的部分上，通过压力形成了弯曲加工。中央部位的折痕附近带有8个埋入型的螺栓痕迹。此外，最前端由分割开来的板子构成，通过焊接接合到了一起。

B：装填手用出入舱盖。此舱盖具有安装框，此框架是用螺栓固定在炮塔上面板上来进行装备的。

C：换气孔。实际上能看见的部位为其装甲盖，而换气孔本身则安装于装甲盖的下方。

D：储物箱（Gepäckkasten）。在极初期型炮塔中，刚开始时并未装备。插图中展示的是被派到突尼斯的第501重型坦克营在接收到虎式坦克之后安装上来的规格型号。

E：手枪射击口区域。左右分别有一处，以成对的方式装备。

F：车长指挥塔。呈圆柱形，周围装备有5处侦察观测区域。

G：烟雾弹发射器。三连式，左右各装备有1架，形成一对。

初期盖子的扣具

盖子铰链部分的细节

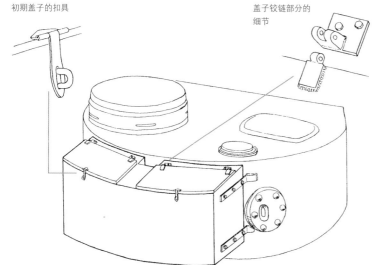

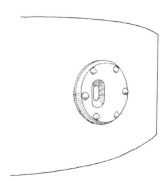

■手枪射击区域

　　装备于炮塔右侧后部的手枪射击区域，尽管形成较长的圆形的开口部一般都是位于左侧，但在第502重型坦克营所属的虎式坦克中也有少量开口部位于右侧的车辆。

■炮塔储物箱（Gepäckkasten）（规格型）

　　规格型的炮塔储物箱（Gepäckkasten）是从1942年12月起登场的。尽管在同时期也开始了初期型炮塔的生产，但这种规格型的储物箱（Gepäckkasten）却是极初期型炮塔用的。首先在虎式坦克上安装这种储物箱（Gepäckkasten）的是第501重型坦克营。该营于11月中完成了虎式坦克的装备，而储物箱（Gepäckkasten）则是在其后安装上的。

　　这种储物箱（Gepäckkasten）中，形成箱子的前后面板配合炮塔形状形成了圆弧形，上部设置有并排放置的盖子这一点，尽管与初期型炮塔之后出现的标准化储物箱（Gepäckkasten）很相似，但还是可以看出其宽度较大（几乎就要和手枪射击区域的内侧相互接合的尺寸），左右的垂直面相互平行，和上部盖子的间隔这些方面不同。因为盖子的铰链形状并没有放大的特写照片，所以插图中的样式也为推测状况。盖子的扣具方面，虽然能够确认到存在1处扣具和2处带有锁定机关的部位，但从预想来看，估计后者应该是后期型

后期盖子的扣具

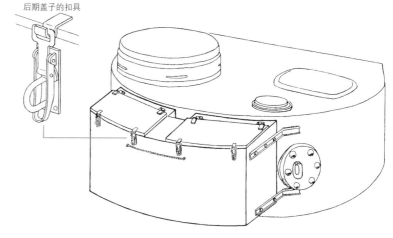

的。这种储物箱（Gepäckkasten）是通过将左右用螺栓来固定的两根支持板子焊接到炮塔上来进行固定的。

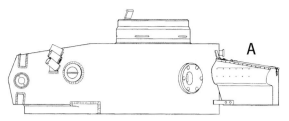
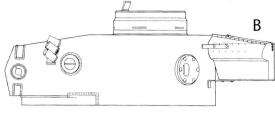

■炮塔储物箱（Gepäckkasten）（III号坦克型）

极初期型虎式中，因为刚开始时并没有装备专用的炮塔储物箱（G-epäckkasten），所以III号坦克用的储物箱（Gepäckkasten）就成为了其代替品，于1942年8月开始进行了装备。

A：这是虎式最初实际运用的第502重型坦克营中的例子。在第1连中，将III号坦克用储物箱（Gepäckkasten）装备到了炮塔后部中间程度的高度上。

B：也有像这样将III号坦克用储物箱（Gepäckkasten）装备到上方去的例子。这一点可以从配备到第503重型坦克营中的极初期型虎式中确认到。此外，在第501重型坦克营中，在刚刚从德国本土使用到虎式坦克的时候，也在同样的位置上安装了III号坦克用的储物箱（Gepäckkasten）。

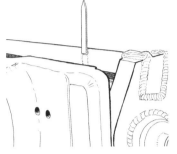

■炮塔直接瞄准器

第501重型坦克营第1连的虎式坦克中，炮塔前端左侧上装备了车长用的直接瞄准器。这是将前端变得尖锐细长的板子焊接固定形成的部件，所以在虎式坦克中也算是较为罕见的一种装备。

■防盾 MANTLET

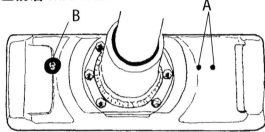

■主炮防盾

主炮防盾为铸造制，左右存在为处理其铸造毛刺而留下的大幅度切削加工的面。此外，虽然并未在插图中进行表明，对面右侧下端有切口的类型也作为变种版本而存在。

A：因为主炮用的瞄准镜（TZF9b）为双目式的缘故，所以存在附带叠层的两个孔洞。

B：与瞄准器口相反的一面上有同轴机枪口，装备有1挺口径7.92mm的MG34。

C：中央凸出部位的形状有所不同，也存在并非图中所示的左右对称的形状。

D：第502和第503重型坦克营的部分车辆中，也有瞄准镜口上方用薄板焊接雨水管道的车辆。

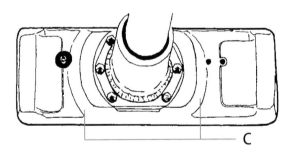
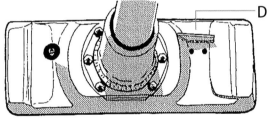

■炮口制退器 MUZZLE BRAKE

■主炮炮口制退器

主炮88mmKwK36 L/56用的炮口制退器为重量60kg的大型部件，这与安装在斐迪南/象式和初期型猎豹，以及初期的虎式II型主炮上的部件为相同型号。

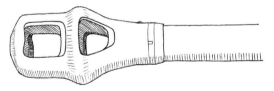

■关于极初期型/初期型生产车

自1942年6月到1944年8月之间，虎式坦克共计制造了1346辆的量产型。同时，与其他的德国坦克一样，生产期间中，德军也对虎式坦克进行了各种各样的改良，内部及外部机构也因其生产时期的不同而存在一定的差异。但是，德军自己并未对这些式样不同的虎式坦克进行过任何的分类。因此，为方便起见，战后的研究者主要从外观上的特征，将虎式坦克分成了初期型和后期型，现如今，研究者又对此进行更进一步的细分，形成了极初期型、初期、中期、后期、最后期的5种款型分类。

极初期型为对初期阶段的改良部位进行摸索尝试的时期中生产的车辆，是一种可称之为先行量产型的车型。基本特征方面，首先可列举的就

是炮塔后部左右有手枪射击区域这一点了。此外，生产开始时，炮塔上并未准备专用的储物箱（G-epäckkasten）。然而，因为从实际运用的角度上来说，储物箱（Gepäckkasten）也是一种必要的部件，所以在一段时间里，临时安装上了III号坦克用的部件进行替代，其后，极初期型炮塔用的规格型也登场亮相，而部队方也动手让此部件安装到了炮塔本体上。

另一方面，车体上，两侧面前方牵引部（Eye Plate）的形状是由继承而来的独特制品。而有关挡泥板等装备品方面，虽然从原创状态向着与其初期型相同的式样进行了推测，但从此牵引部的形状并未进行过变更这一点上就能将极初期型的车体分类出来。

其后生产的初期型中的最大重点就是炮塔右

侧的手枪射击区域变更成了逃生舱盖这一点。

此式样变更是自1942年12月开始引入的。炮塔储物箱（Gepäckkasten）方面，此初期型炮塔用标准化款型是在工厂中进行安装的。此外，车体前方牵引部的形状出现变更，下侧变得凸出向前。侧面挡泥板等的形状和工具的装备位置也执行了标准化，式样终于基本定型，也出现在初期型当中。

此外，因为炮塔和车体的式样变更并非同时展开，所以也有炮塔是初期型，而车体却依旧为极初期型状态的车辆。

■极初期型车体前面 FRONT HULL

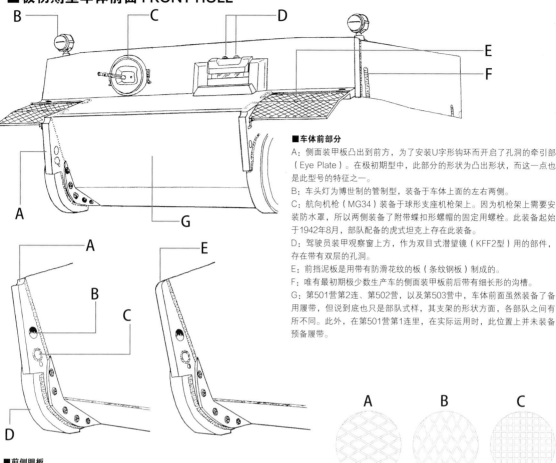

■车体前部分

A：侧面装甲板凸出到前方，为了安装U字形钩环而开启了孔洞的牵引部（Eye Plate）。在极初期型中，此部分的形状为凸出形状，而这一点也是此型号的特征之一。

B：车头灯为博世制的管制型，装备于车体上面的左右两侧。

C：航向机枪（MG34）装备于球形支座机枪架上。因为机枪架上需要安装防水罩，所以两侧装备了附带蝶扣形螺帽的固定用螺栓。此装备起始于1942年8月，部队配备的虎式坦克上存在此装备。

D：驾驶员装甲观察窗上方，作为双目式潜望镜（KFF2型）用的部件，存在带有双层的孔洞。

E：前挡泥板是用带有防滑花纹的板（条纹钢板）制成的。

F：唯有最初期极少数生产车的侧面装甲板前后带有细长形的沟槽。

G：第501营第2连、第502营，以及第503营中，车体前面虽然装备了备用履带，但说到底也只是部队式样，其支架的形状方面，各部队之间有所不同。此外，在第501营第1连里，在实际运用时，此位置上并未装备预备履带。

■前侧眼板

虎式坦克的样车V1号车中，虽然车体前方设有可动式的辅助装甲板，但在量产型中却并未采用这一设计。但是，装甲部位的材料却是以样车V1号车为标准的，所以依旧存在此部位的残留痕迹。

A：上方部位有切割缺口。此为V1号车中为避免辅助装甲板用的可动臂干扰而进行的处理。

B：安装U形支架用的牵引孔洞。

C：在原本用来安装可动臂的孔洞部位焊接上装甲栓并进行封闭。

D：为主动轮基部而设置的圆弧状装甲板。这是一处V1号车中没有的部位，是自量产车开始追加上的部位。

E：随着生产过程的展开，不久之后，此部位上的切口切割加工也不再展开进行了。

■前挡泥板防滑纹路

目前能够确认前挡泥板使用的条纹钢板的防滑纹路共有3种。A和B为菱形格子的花纹，而这两者之间的区别实际上就只是把板子横过来用和竖起来用的区别。C为正方形的格子花纹，与菱形相比，格子的纹路比较小。而这种类型的纹路，目前就只确认到第501重型坦克营的虎式坦克曾经使用过。

■极初期型挡泥板 MUDGUARD

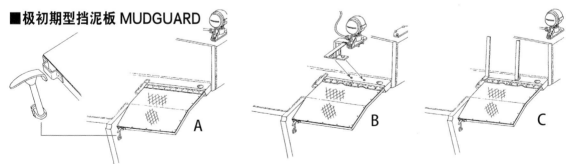

A：前挡泥板为在角材构成的框架上蒙上条纹钢板，而在相对中间的部位上，前后稍稍带有一点弯曲的形状。此部件是用蝶形铰链安装到车体上的，可以向上部稍稍弹起。平常，为了避免行驶时弹起，在安装于前端部内侧的安装扣环上，在车体一方装备的小挂钩上扣上钩子进行固定。这种类型的挡泥板是一种即便在极初期型中也只有初期的生产车中才能看到的式样，而插图中所展示的则是在第502重型坦克营中的示例。

B：第501重型坦克营的虎式坦克中，带状蝶形铰链被一分为二，可以确认到使用了带圆弧状缺口的实例。铰链在挡泥板一侧是用碟状螺丝安装的，而在车体侧面则似乎是用焊接的方式来固定的。第501营的第1连中，从车体上部卸下了车头灯，安装到特制架台上，改设到了挡泥板的后方。

C：第501重型坦克营第2连的虎式中，车头灯保持了正规的位置。只不过许多车辆在挡泥板的后侧焊接了两个平面长条作为辅助装甲板，在这里设置了3节。

■ 极初期型车体后部 REAR HULL

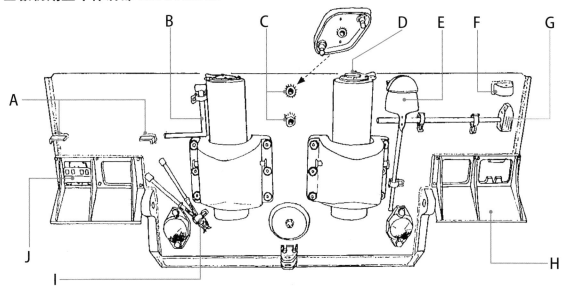

■ **车体后部：第502重型坦克营中的例子**

　　虎式的量产型车体编号是从250001开始的，而第1生产批次当中，由250002到250010的9辆都配备给了第502重型坦克营。这些车辆都并未规定工具的安装位置，所以每辆车上的工具装备位置都有所不同。插图中所示为111号车的实例。

A：推测应当是千斤顶的架台，但具体情况尚不明确。

B：此处安置的物品看起来似乎是用来发动引擎的机轴的把手，但具体情况也尚不明确。

C：发动引擎用的机轴适配器装备用的带螺丝孔的圆筒形支架。其特征为上下并排存在两处。此外，在车体编号为250004的100号车上并无此支架部位。

D：排气管的上部，作为潜水装置的一部分，设有开闭选择式的盖子。此外，在第502营中，时常可以确认到排气管的上部安装有延长管。

E：铁铲。长柄式样。

F：有作为天线基部而设置的凸出部位。然而，因为实际使用时并没有人将此处用在此用途上，所以后来就彻底废止掉了。

G：虽然刚开始时在这里装备了榔头，但后来又被替换成了战斗斧。

H：原创式样的后挡泥板。

I：绳缆切割钳。

J：装备有带间隔长方形的尾灯。

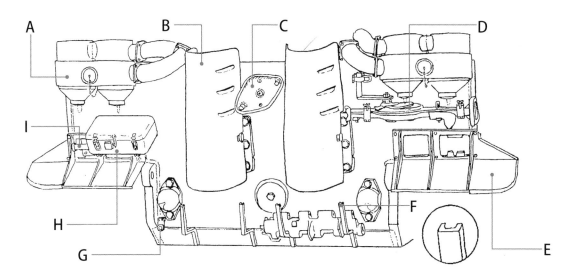

■ **车体后部：第501重型坦克营中的例子**

　　第501重型坦克营中，装备了车体编号从250011到250033中的20辆虎式坦克。在这些车辆中，与第502营不同，在各车辆上，各种工具几乎都装备到了相对固定的位置上。插图为第1连的112号车（250012）的例子。

A：自1942年11月起，引擎用滤清器被装备到了车体外部，车体后部开始安装为此而设置的滤清器用的外壳。

B：排气管上安装了罩子。

C：引擎启动用机轴适配器装备用的支架与第502营车辆的位置等同，而实际动手装备上之后就会被固定成这样的斜面。

D：15吨千斤顶装备在此位置上。

E：追加了侧面挡泥板，同时还全新装备了转角处挡泥板。

F：唯有第502营第1连的部队式样，此处设有备用履带的支架。这是一种对纤细的材料进行过弯折后焊接到车体上形成的简单装置。

G：此位置上设有反光镜（第502营的车辆上也同样存在）。

H：履带更换用工具箱安装在此位置上。

I：1942年10月以后的生产车中，尾灯变成了圆筒形。

■排气管罩 EXHAUSTS

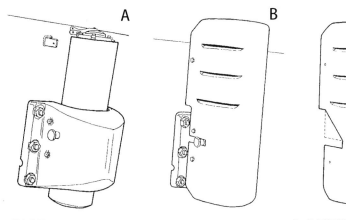
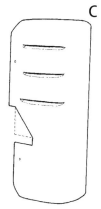
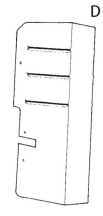

■排气管罩

极初期型中排气管上并没有罩子，但在第501重型坦克营中却单独制作并安装了该部件。这也是一种避免加热的排气管在夜间发出红光导致被敌人发现的处理。

A：排气管罩是用左右两侧每边3个的螺栓来固定的。其中，上部车体侧面设置了L形的金属承重部位，下方两处则是在排气管装甲罩的侧面焊接上螺帽来进行安装的。

B：排气管罩的上部，为了通风，分别在左右两侧各加工制成了3处沟槽。这种沟槽是在切割出缝隙后，将下侧向内部弯折后形成的形状。

C：排气管装甲罩上悬吊用的避开枢轴而切割出的缺欠形状，虽然存在如此大的缺欠，但或许只是单纯受到损伤后形成的。

D：排气管罩的后部虽然一般都形成了弯曲，但也存在图中这样形成折角的款型。但仔细想想的话，感觉这样的形状也或许是在坦克使用时罩子后方被压扁后形成的形状。

■车体后部左侧 LEFT REAR HULL

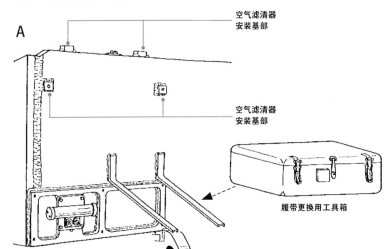

空气滤清器
安装基部

空气滤清器
安装基部

履带更换用工具箱

■适配器 ADAPTER

■引擎启动用机轴适配器

这是为固定引擎启动机轴位置而使用的适配器，焊有两根为安装引擎启动机而配备的接头棍。使用时，装备到位于车体后部中央下侧的机轴插口上进行使用。

■车体后部左侧

焊接有4处空气滤清器罩的安装基部。此外，车后面板上侧的安装基部之间，焊接有为固定防水罩而设置的金属卡具。

A：履带更换用工具箱是1942年12月开始装备的，因为当时第501营已经接收了虎式坦克，所以其后才采用了其独特的方式进行安装。在第1连中，在车体上焊接了两根较细的引导材料，并放置到了其上方，但详细的箱子固定方法却尚不明确。箱子被装备成了朝着斜下方微微倾斜的形状。

B：此为第501营第2连中的例子。中央有一处固定履带更换用工具箱的框架和卡具，下方作为底座，前后方向上和横向方向上分别焊接了两根棍和1根平板长条。横向的长条上，两端分别稍稍折起，避免箱子向两侧滑落，但因为缺少资料照片的缘故，所以在绘制插图时就只能稍稍添加上一些个人的自我推测了。

防水罩固定金属卡具

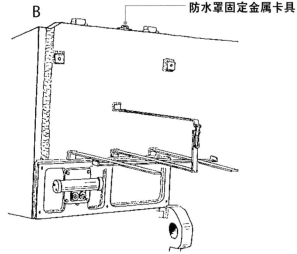

B

■车体后部右侧 RIGHT REAR HULL

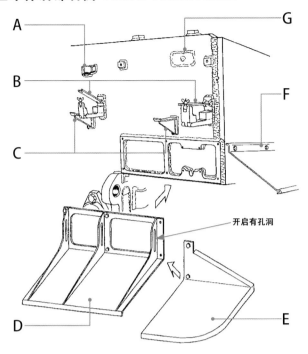

开启有孔洞

■车体后部右侧
　　图为第501营所属车辆的后部右侧。
A：15吨千斤顶用的把手支架。
B：固定千斤顶本体用的固定卡具。
C：千斤顶本体的承重卡具。
D：车身后挡泥板。这与第502营的车辆相同，用螺栓安装到车体侧面的安装框架上。3根补强材料的基部开启有细长的孔洞这一点正是其特征。
E：追加装备了车身后部的转角挡泥板，但采用了此装置的就只有第501营。
F：由第501营的车辆开始，虎式坦克上开始装备了侧面挡泥板。与其后的初期型不同，其内侧并没有补强板材。
G：第502营的车辆上存在的凸出部位，对空气滤清器的装备形成了阻碍，因而被废止，但依旧还保留有拆卸掉的痕迹。

■车体侧面 SIDE HULL

A

■车体侧面
A：第502营接收的一部分最初期生产车中，车体侧面的前后存在两处细长形状的沟槽。这里看起来似乎是与内部部件相互组合进行焊接形成的，但实际上内部却并不存在这样的部件。仔细想来，估计应该是在装甲板制造时在表面上形成的某种痕迹。但是，在量产开始之后，其设计就立刻变更成没有此沟槽的装甲板了。

B

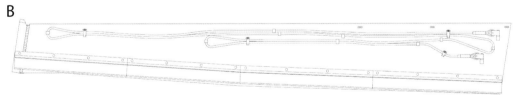

B：自第501营的车辆开始，车体左侧面上开始装备起了履带更换用的缆绳（直径14mm，全长15m）。只不过，其挂扣的位置方面，各车之间又存在着微妙的不同。此外，还开始了侧面挡泥板的装备工作（自1942年11月中旬起），单侧安装了由4片构成的部件。侧面挡泥板前方两块的长度较短，其安装角度也与后方的两块有所不同。另外，后方上部也开始安装上了3处用来固定防水罩的卡具。

■侧面挡泥板 SIDE FENDER

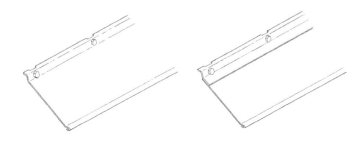

■侧面挡泥板
　　侧面挡泥板上，每块板子由4处螺栓进行固定。此部位分为对单片板材进行加工的款型和将其基部分割开来，然后进行焊接的由两块板材构成的款型这两种类型。前者多出现于第503重型坦克营中，而后者则在第501重型坦克营的车辆中比较多见。

■车体上面 HULL DECK
s.Pz.Abt 502

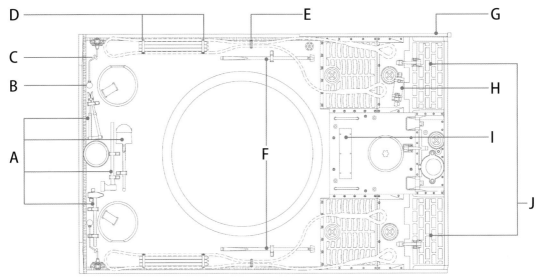

■车体上面：第502营的例子

第502营里，不但工具装备位置的共通化没有做到彻底，而且还因为没有哪张照片能够完整地确认到其车体上面的情形，所以此图也是在将多辆车辆的信息进行整合后绘制成的。

A：在3号车的实例当中，可以看出此位置上有线缆钳、斧子、铁铲榔头等物，但支架的位置和朝向等部分就是靠推测来进行绘制的了。此外，千斤顶支架并非位于车体上面，而是装备到了车体后面左侧排气管的左侧上。

B：车灯线缆的凹陷处，存在圆形和八角形两种说法。

C：车灯线缆上有固定位置用的卡具。

D：炮膛清洁杆和夹具。开始时，清洁杆方面的装备规定是车体右侧3根、左侧2根。这种情况下，杆子的长度为4根1238mm，1根1240mm的长杆。但是，在第502营的车辆中夹具之间的间隔较小，而可收纳杆子的沟槽的数量也不明确，所以看起来就像是分别在左右两侧各设置了3根较短的杆子一样。较短的杆子是5根980mm，1根918mm的长度。但不管怎么说，因为至今尚未发现将清洁杆收纳到夹具上的照片，其详细情况至今是个谜。

E：此处设有一处从中间部位分割开车体的特殊形状的支架卡扣，估计应该是用来装备缆绳用的。虽然也会在车体上如同虚线所示一样的装备缆绳的

说法，但时至今日，依旧没有能够切实证明这一点的照片。

F：从100号车上方照片能够看到的卡扣来看，推测车体左右两侧应该装备有一对撬棍。

G：天线装置。开口部为后侧，安装时要比车体后部稍稍凸出一些。

H：此位置上安置了灭火器。

I：发动机进气口。上部设有用6根支柱加螺栓固定的长方形防弹板。

J：散热片排气口的网格花纹为车体左右相互对称的模式。

s.Pz.Abt 501 (Early)

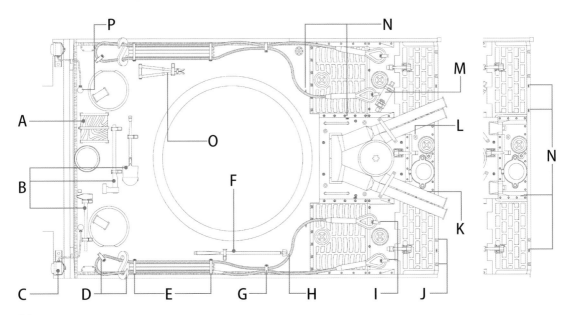

■车体上面：第501营的例子1
　图为第501营接收的20辆极初期型中的初期式样车辆的车体上方图。
A：千斤顶枕木装备到了此位置上。
B：尽管斧子、铁铲和榔头的装备位置参照了第502营的车辆实例，但铁铲的朝向却与第502营相反。
C：唯有在第1连里，车前灯的安装位置要比标准位置更为靠前。
D：追加装备了缆绳的安装支架和卡具。在抵达突尼斯时，112号车的缆绳上安装了S形钩环，但此时的装备却并非一种固定模式的装备。
E：清洁杆明显是较长款型的，所以夹具之间的间隔也变大了。装备数量方面，可以看出车体右侧为3根，左侧是两根。夹具为清洁杆和缆绳共用型的。
F：撬棍方面，就只在车体左侧装备了1根。
G：缆绳用的夹具。采用了以螺栓来固定上部开闭板的方式，与第502营的车辆例所示的支架悬臂完全不同。
H：缆绳方面，绳端安装于后侧。此缆绳直径32mm，全长8.2m。
I：追加装备了绳端用的固定支架（位置为推测位置）。
J：空气滤清器的安装基部。

K：用来连接引擎用进气口和空气滤清器相连的导管。
L：此处可以看到舱盖锁用的角孔。包括第502营的车辆在内，推测极初期型的车体上都应该设有此物。
M：灭火器是倾斜装备的。
N：各部位的防水罩的固定卡具是焊接上的。
O：缆绳钳装备在此位置上。在112号车中，和车体侧面进行水平安装。
P：可以确认到，车灯线缆的凹陷部位是圆形的。

s.Pz.Abt 501 (Late)

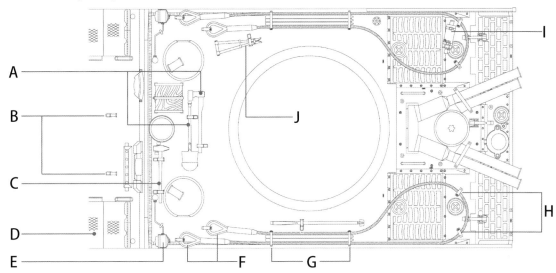

■车体上面：第501营的例子2
　图为第501营接收的极初期型中的后期式样车辆的车体上方图。
A：斧子和铁铲的位置相互对调，斧子的斧头部位装备到了右侧上。
B：考虑到要装备上大型铁铲的缘故，支架被设置安装到了此部位上，而在第501营中，很多时候上此支架上什么东西也没有装备。
C：榔头被设置到了更靠近内侧的位置上。
D：前挡泥板方面，存在装备了如图所示的原创型，和装备有与初期型一样的新型的车辆。
E：标准位置的车前灯。第2连是将车前灯设置到此原本的位置上的，但第1连还是拆卸掉了此车前灯，放置到了前方更偏下的位置上。
F：缆绳的安装方向相反，绳端的固定装置设置到了车身前方。

G：受缆绳安装方式的影响，清洁杆用固定装置的位置也相应进行了后移。
H：绳缆用固定装置设置到了此位置上。
I：受缆绳安装方式的影响，灭火器的位置也出现了变更。
J：缆绳钳为了避开缆绳，形成了倾斜的安装状态。

■航向机枪护盾 KUGELBLENDE 100

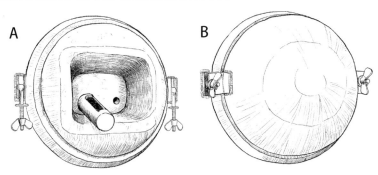

A：安装航向机枪护盾（Kugelblende 100）和防水罩的螺丝。
B：关闭半球状的防水罩之后的状态。

初期 EARLY PRODUCTION

■初期型炮塔1 TURRET-1

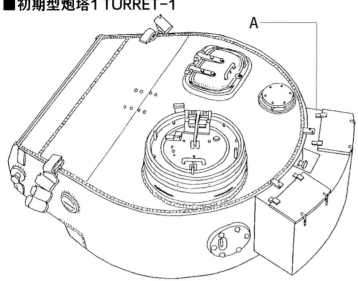

■初期型炮塔1
　　最初的初期型炮塔中，基本上除了右侧的手枪射击口被变更成了逃生舱口以外，其大致的造型基本上与极初期型相同。

A：标准型储物箱（Gepäckkasten）是自1943年1月底到2月上旬之间开始装配的。

■初期型炮塔2
　　初期型炮塔也因其生产时期的不同出现过一定的式样的变更。

A：自1943年3月（第194号炮塔）起，炮塔上开始追加装备了装填手用潜望镜。其装甲保护装置为初期型炮塔的情况下，其最大特征是两侧平行。

B：烟雾弹发射器方面，因为车组人员对该装置经常走火而对其的评价不高，所以动手将发射器拆掉，或者连同支架一起拆掉的例子较多。因此，自1943年6月（第391号炮塔）开始，烟雾弹发射器的就被废弃了。

C：从1943年3月起，炮塔上开始装备起了兼带防御作用的备用履带。标准装配中，右侧安装有2片履带板的支架，而左侧则安装有5片履带板的支架。

■极初期型和初期型的炮塔侧面 TURRET LEFT SIDE

■极初期型炮塔

■初期型炮塔

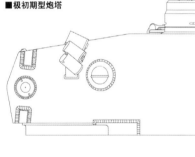

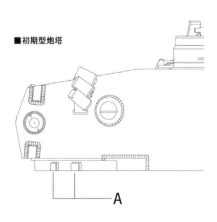

■极初期型和初期型炮塔

A：初期型炮塔中，炮塔连接部位中全新设置了内藏式的行军锁。此物从车体侧面凸出出来，形成嵌入到炮塔脖颈部分上缺口的机构。因此，初期型炮塔中，覆盖缺口部位的四角形装甲板被焊接到了前方左侧的2处部位上。

■初期型炮塔2 TURRET-2

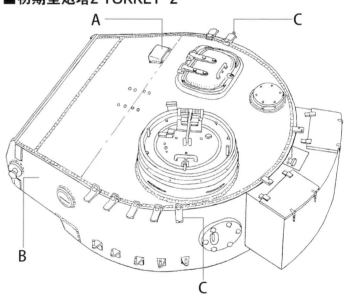

逃生舱口 ESCAPE HATCH

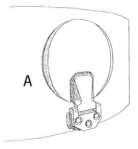

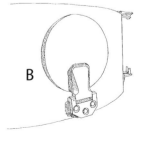

■炮塔逃生舱口
　　自初期型炮塔开始装备的逃生舱口是圆形的80mm厚的装甲板，尽管铰链设置在外侧，但位于内侧的锁扣装置是让人无法从外侧进入的，所以说到底，此部位也是紧急逃离时使用的舱口。

A：当初逃生舱口的两侧加工成了倾斜的面，设置成了与炮塔侧面装甲板并不存在段差的状态。

B：从1943年6月开始，舱口两侧的倾斜面被省略掉。

■炮塔后部储物箱（Gepäckkasten）STOWAGE BOX

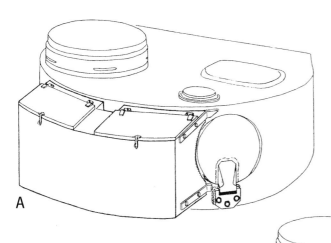

A

■炮塔储物箱（Gepäckkasten）

A：尽管初期型炮塔是于1942年12月开始登场的，初期型炮塔用标准储物箱（Gepäckkasten）的装备却是自1943年1月底以后开始的，所以先前装备的是极初期型炮塔用规格型储物箱（Gepäckkasten）。但是，如果保持原状的话，因为储物箱的宽度太大会干扰到逃生舱口，所以其后都稍微向左挪动了一些距离，安装到会遮挡到手枪射击口的部位上，再或者是设计出圆弧状的缺口来，避免和逃生舱口相互干扰。此处的插图绘制的是后者的实例。

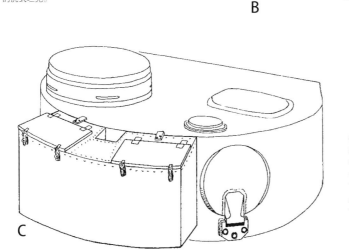

B

B：在第502重型坦克营第2连中，规格型储物箱（Gepäckkasten）的配置工作似乎并未赶上，所以在部队里自行制造装备上了插图中一样的独特形状的储物箱（Gepäckkasten）。因为不久后就转让给了第503重型坦克营第3连，所以此部队中也运用了装备相同储物箱（Gepäckkasten）的虎式坦克。

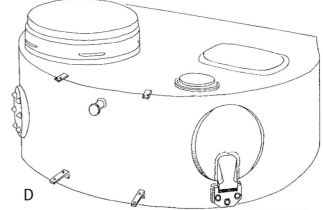

C

C：1943年1月底之后，初期型炮塔上开始装备了标准型储物箱（Gepäckkasten）。相对于极初期型炮塔用规格型储物箱（Gepäckkasten），为了不和逃生舱口形成干扰，两侧面向着前方形成了收缩其幅度的样式，上部的盖子也进行了小型化，铰链的形状也出现了变化。储物箱（Gepäckkasten）中储备有10节备用履带和连接栓，另外还装入了长1800mm，宽1200mm的防水薄膜。

D

D：将标准型储物箱（Gepäckkasten）安装到炮塔上去的工序是在炮塔上焊接4处固定装置，然后再用螺栓来进行固定的方式展开的。极初期型炮塔用规格型储物箱（Gepäckkasten）的固定装置因为是安装在侧面上的，所以这一点也成为了和标准型储物箱（Gepäckkasten）进行区分辨别的重点。

■指挥塔 CUPOLA

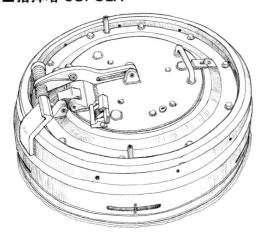

■装填手舱口 LOADER'S HATCH

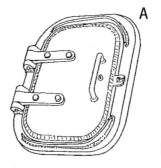
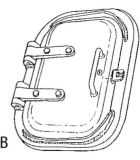

A

B

■指挥塔

最大装甲厚度80mm的圆柱形司令塔。视察用百叶窗可以向5个方向敞开，内部装备了5层的防弹玻璃。此指挥塔一直装配到了中期型。

■装填手舱口

A：从极初期型开始就一直使用的装填手用乘降舱口。舱盖方面，中央板材与周边框架是分离开的两个部件，以焊接的方式相互接合到了一起。

B：初期型炮塔上，舱盖门是压模加工制成的单件式样的，而这也成为其主流。安装框和极初期型炮塔一样，用嵌入到炮塔面板上的螺栓来进行固定。另外，存于伯明顿坦克博物馆（Bovington Tank Museum）现存的车体制造编号250122的坦克车上，对安装框的周围进行了均一的切削，形成了一层稍稍凸显的层段。估计这也是因为炮塔上面装甲板的表面较为粗糙而进行的处理。

■换气孔 FUMU EXTRACTOR FAN

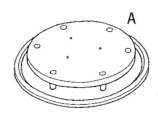
A

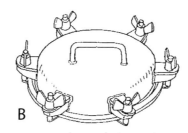
B

■换气孔

A：尽管换气孔上部的圆形装甲板罩上部较为平坦，但下侧却形成了中央隆起的形状。此部件是通过6根嵌入式的螺栓来从车内进行固定的。

B：安装上防水罩之后的状态。防水罩是作为潜渡装置的一环来进行装备的。在6处凸起上带有钩板螺栓，咬合住换气孔外侧连接处上的缝隙，再用蝶形螺帽拧紧进行固定。

■防盾 MANTLET

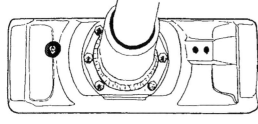
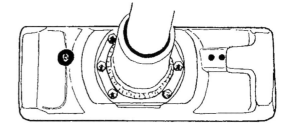
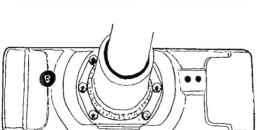

■主炮防盾

自初期型炮塔生产开始不久之前的1942年11月起，主炮防盾的瞄准器口部分为了提升防御性能引入了增厚的部件。也就是说，最初装备此物的是极初期型炮塔的后期生产批次的部件。尽管在初期型炮塔中，此部件作为标准部件进行了装备，但这种新型防盾却未能彻底展开装备，依旧还是存在部分装备旧式防盾出厂的车辆。最后，所有车辆都装备上新型防盾是1943年8月（中期型）开始生产之后的事了。

新型防盾因为是铸造部件，所以最终形成的部件也并非是整齐划一的。尤其是在铸件边缘的处理部分中，可以发现多种样式和版本。插图中展示了其中4种版本样式。

■初期型车体前面 FRONT HULL

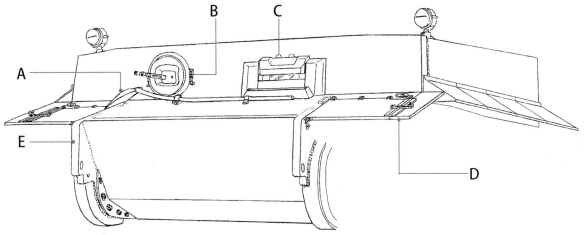

■初期型车体前面

A：平头的大型铁铲是从1942年10月的车体编号250031（极初期型）开始装备的。

B：航向机枪球形护盾防水罩安装用的螺栓虽然在初期型中继续进行了装配，但1943年6月以后就彻底废止了。

C：驾驶员用装甲观察窗上方的KFF2型潜望镜于1943年1月被废止，先前视镜上的孔洞方面，已经加工完成的装甲部件焊接上装甲栓进行了堵塞，之后

的部件不再加工此孔洞了。

D：1942年11月，新型挡泥板得到了采用，之后形成了标准化。

E：1942年12月，前眼板形状进行了更新，初期型车体登场。

■眼板 TOW BRACKET

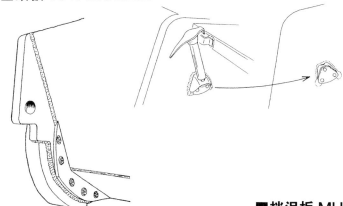

■前眼板

1942年12月，从车体编号250055开始，前眼板的形状进行了变更，以后被标准化。原先凸出的部位变成了两层阶梯状向前方凸出的形状，U形钩环安装孔的位置也向下方进行了移动，这也是一种为了让U形钩环的可动范围变大的改良。

■前挡泥板的卡具

新型（标准型）前挡泥板前方防止反弹用的卡具。钩子基部上似乎有3处用来固定螺丝用的孔洞，但在将此部件固定到车体上时却并未使用此孔洞，而是采用了焊接固定的方式。

■钩环 SHACKLE

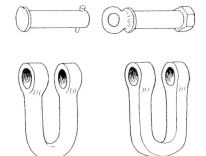

■U形钩环

U形钩环是一种安装于车体前后眼板上的牵引工具。左侧插图为断面是圆形的普通式样，右侧是较为罕见的角形断面的式样。与断面的连接轴方面，左侧是标准的式样，中间插入带头的轴杆，然后再在一端设置上防脱落用的插销来进行连接。右侧中的轴杆为螺眼式，而另一端则使用了螺帽进行固定，但是却并没有看到实际使用的例子。

■挡泥板 MUDGUARD

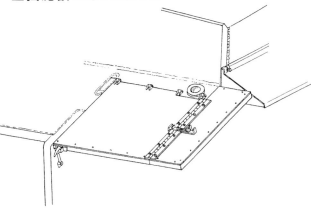

■前挡泥板

1942年11月起，新型前挡泥板登场亮相。在框架上粘贴板子的构造虽然与极初期型的式样相同，但此处的板材却并非条纹钢板，而是普通的薄铁板，设定成了单一平面型。与车体之间形成了以用4处独立的铰链进行焊接连接的方式，用来盖住履带的外侧扫泥板用铰链连接在两侧。在普通情况下，一般是用安装于铰链间的锁轴在展开的状态下来进行固定的，但在铁路运输的时候，一般都会解开锁，折叠到上部去。

■车体后面 REAR HULL

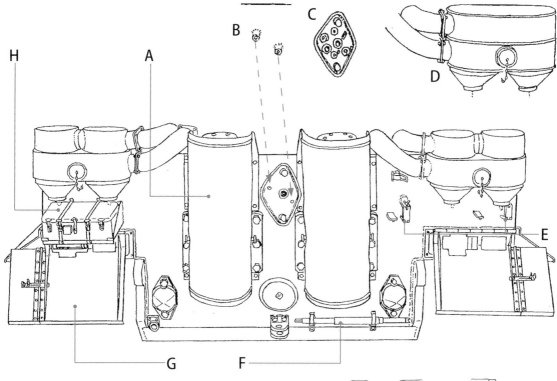

■初期型车体后部

A：自1943年1月起，开始安装上了标准型的排气管用罩子。

B：引擎启动用机轴适配器的支架被变更到了右侧偏下的部位上。如此一来，适配器和排气管罩子之间就能够在彼此不相互干扰的情况下直立安装上了。

C：自1943年5月起，引擎方面取代原先的迈巴赫HL210P45，更换成了新型的HL230P45。与此同时，引擎启动机轴适配器也变更成了新型。此新型适配器是一种能够对应使用上旧型引擎上的兼容适用型。

D：自1943年3月起，空气滤清器采用了上部分一体化的新型形状。

E：安装千斤顶用的卡具在此位置进行了标准化。

F：从1943年2月起，此位置开始装备了引擎启动用机轴。握把部分被拆除，只安装有机轴。

G：1942年11月，后挡泥板也换成了新型。外侧附带有可动式侧板这一点也和前挡泥板一样。此外，左右的后挡泥板也并未完全对称。

H：履带更换用工具箱的支架形状更新，进行了标准化处理。

■引擎启动用机轴

装备于车体后部的引擎启动用机轴上，安装上拆卸式的形握把作为曲轴来使用。在俘获现存于伯明顿坦克博物馆中的虎式坦克时，因为恰巧此握把安装在车体后部的支架上，所以这也就成为了误将此部位当成正规状态的原因。实际上，握把部分是拆卸下来，保管在其他地方的（车内或者是炮塔储物箱等）。

■车体后面左侧 LEFT SIDE REAR HULL

■车体后部左侧

A：对履带更换用工具箱的支架进行了更新，扣留绑绳变成两根，侧面装有板子。

B：拆卸下后挡泥板之后的状态。刚开始时，此处还保留有旧式挡泥板的安装框架，之后再在上边焊接上新挡泥板用的铰链。框架下侧的外端上焊接有较短的杆子。

C：新近安装上了似乎是用来让后挡泥板保持翻起状态的扣锁。

D：自1942年12月起，在车体上面的5处地方设置了S雷发射器的安装底座，车体后部的发射器如图所示，形成了从车体后部凸出在外的位置。

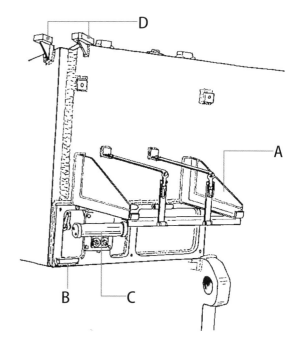

■排气管罩 EXHAUSTS

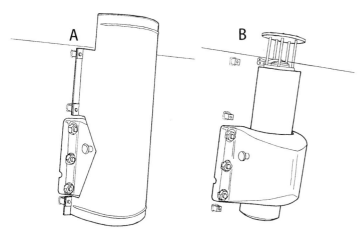

■排气管罩

A：1943年1月，自车体编号250082起，虎式坦克上开始装备了标准型的排气管用罩子。插图为车体左侧用，而右侧用与左侧用形成对称的形状。上部为了避开与空气滤清器连接导管相互干涉，外侧形成了缺口。上下分别有一根横向的较细的加强筋就是其标准。只不过，英军俘获的车体编号250122（现存于伯明顿坦克博物馆）的罩子上并没有这条压力线。估计是在初期阶段为了解决强度不足的问题而追加上的压力线。

B：此为拆卸下排气管罩之后的状态。车体上在左右两侧分别焊接有3处进行过螺孔的角柱型安装基座，而排气管罩就是用螺栓固定于此位置上的。此外，在与装备标准型排气管几乎同时期里，也开始装备了在排气管本体上部通过5根支柱来安装圆形防弹板的样式。

■车体下面 BELLY

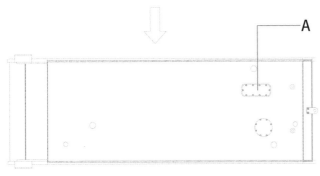

■车体下面

A：伴随着原先的HL210P45引擎被新型的HL230P45引擎所取代，车体下面的圆形舱盖中，右侧的变更成了长方形舱盖。

■引擎启动用适配器 ENGINE STARTER ADAPTER

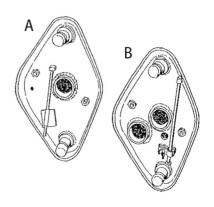

■引擎启动用机轴适配器

A：HL210P45引擎用适配器。基本上是一种与极初期型相同的部件，但初期型中追加装备上销子状工具。

B：此为新型引擎的HL230P45用适配器。孔洞数量变成两个，销子状工具的安装位置进行了变更。此型号一直沿用到了中期型。

■车体后面右侧 RIGHT SIDE REAR HULL

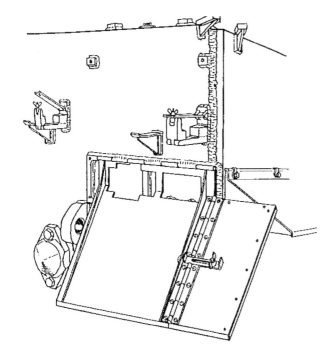

■车体后部右侧

新型后挡泥板是在极初期型生产中的1942年11月导入的。外侧追加的可动部分之外的本体制作成了车体左右相同的部件，尽管车体右侧并没有尾灯，右侧用后挡泥板上依旧存在尾灯用的缺口部位。此外，从1943年5月起，旧挡泥板用的安装框架从车体上彻底废弃，变成了在车体上直接焊接上新型挡泥板的铰链的式样。

■初期型车体上面1 DECK HULL1

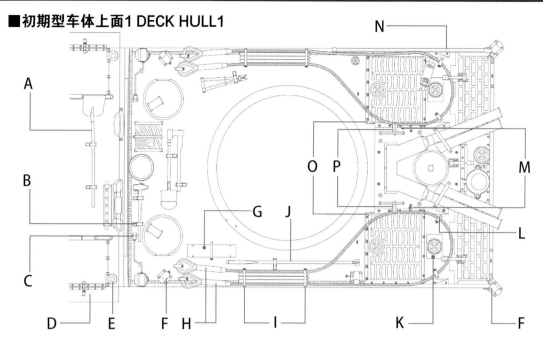

■初期型车体上面1

　　插图中展现了初期生产的初期型的车体上视图。

A：大型铁铲虽然是从极初期型的时候就开始进行装备的部件，但实际上能够看到铁铲被收纳到支架上一般是从初期型开始的。

B：榔头的卡具中，外侧的部件稍向车体内侧进行了部分移动。此外，头部固定卡具方面，既有在不同车辆上位置存在若干变化的部件，也存在彻底没有此部件的车辆。

C：车灯线缆嵌入基部方面，大部分都采用了变形八角形的款型。

D：1942年11月导入的新型挡泥板被标准化。

E：因为起重臂安装用的孔洞变更成了焊接上圆管的构造，所以形成附带边缘的样式。

F：自1942年12月起，开始安装设置S雷发射器的安装基座。只不过，实际上S雷发射器的装备却是从1943年1月开始的。S雷发射器设置于车体上面左侧的前、中、后部3处，右侧的中部因为有天线基座，所以就只是装备了前方和后方两处。

G：作为潜渡装置的一部分，引擎进气口用的闭锁板装备到了这里。

H：为了避开和S雷发射器之间的相互干扰，缆绳绳端的安装位置被变更到了后侧。

I：自1943年2月起，清洁杆改成了较短的款型，装备方式也变更成了车体右

侧3根，左侧3根。同时，支架的间隔也变窄了。

J：撬棍变更成了较长的款型。

K：水箱盖的周围存在四角形铸件边缘处理痕迹的车辆也开始变得多见了。

L：缆绳用支架的位置也出现了若干变化。此支架因左右缆绳的缘故而在位置上存在微妙的不同。

M：防水罩安装卡具在左右两侧上的位置也稍有不同。

N：伴随着S雷发射器的装备，天线盒将开口部设置到前侧，装备位置也向前挪动了若干距离。

O：散热器排风口支架的内角加工形成了切角。这是为了不和在炮塔上新设置的逃生舱盖的铰链相互干扰而进行的处理。

P：初期型的生产过程中（大概是在1943年3月前后），开始在拉手下装备打开引擎上部舱盖时的固定装置。

■初期型车体上面2 DECK HULL 2

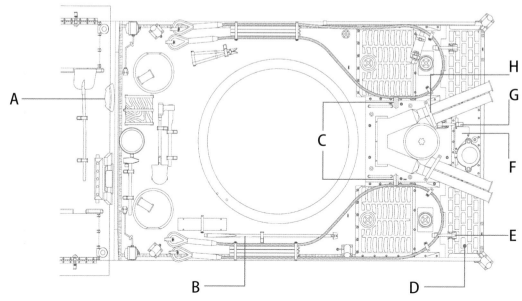

■初期型车体上面2

插图中展现了初期型的后期生产的车体上视图。

A：航向机枪球装甲盖防水罩安装用的螺栓自1943年6月开始停用。

B：撬棍被向前挪动了一段的距离。

C：引擎上部舱盖的卡具向后方进行了移动（1943年5月前后）。伴随着此，舱盖的握把也向前移动了一段的距离，保护罩安装卡具的位置也进行了移动。

D：1943年5月之后，散热器排风口栅板的格子花纹也进行了变更，左右的栅板不再是对称形状。

E：伴随着散热器排风栅板的设计变更，让栅板保持开启状态的固定装置的位置也向外侧移动。

F：1943年5月以后，圆形的空气循环管道检查盖被废止，变为了多边形状的

盖子。此盖子的倾斜切割部分为了避免与潜渡管安装盖的相互干扰，存在多种被切削成圆弧状的部件。

G：引擎上部检查舱盖固定装置的位置进行了变更。

H：伴随着舱固定装置位置的变更，空气滤清器连接导管的固定卡具的位置也向前移动。

■车体侧面 HULL SIDE

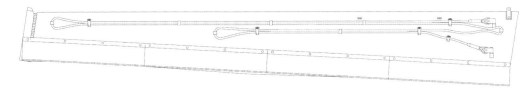

■初期型车体侧面

自1942年12月起，侧面挡泥板变成了4块相同的尺寸，基本上也安装成了一条直线的状态。侧面挡泥板的内侧开始安装三角形状的补强板材这项加工，推测也是从1943年1月开始的。履带更换用缆绳的安装卡具位置和极初

期型相较也出现了一定的变化。开始装备S雷发射器之后，机关室板材罩用安装卡具由3个减少成了两个。

■空气滤清器连接用双股导管和进气防雨罩
AIR CLEANER DOCT and AIR INTAKE COVER

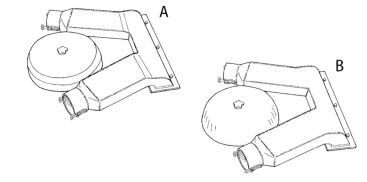

■空气滤清器连接用双股导管和进气防雨罩

A：安装到引擎进气口的双股导管方面，在极初期型开始装备时使用了尾部较低的形状，初期型生产车中也沿袭装备了此型号的部件。引擎进气用防雨罩方面，周围上部形成的面的那种棱角分明的形状也是自极初期型继承而来的标准装备。

B：初期型的生产过程中，双股导管基部的高度变高，开始使用了与分歧部分不存在落差的部件。引擎进气用防雨罩方面也使用了初期型的后期生产车的边角较为浑圆的穹顶式样，中期型中此款型得到了普及。

■引擎上部舱盖的变迁 ENGINE HATCH COVER

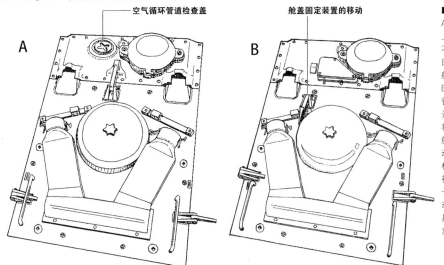

空气循环管道检查盖　　　舱盖固定装置的移动

■引擎上部舱盖的变迁

A：1943年3月前后，初期型引擎上部舱盖的拉手下开始装备用途不明的卡具。卡具中央带有转轴回旋式的棍状部件，推测应该是舱盖固定用具之类的部件。

B：1943年5月，舱盖后方的空气循环管道检查盖被停用，相对的，开始装备了多边形的盖子，用来将引擎上部舱盖保持开启状态的舱盖固定装置的安装位置也被移动到了右侧。此外，似乎也是在相同时期，位于拉手下的卡具也被转移到了拉手的后方。伴随着卡具的移动，拉手也稍稍向前挪动了一定的距离，盖板安装用卡具的位置也稍稍挪动了一定的距离。

■热循环设备 REAR GRILL

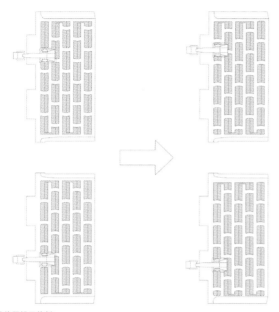

■散热器排风格板

从极初期型到初期型的生产初期阶段中，散热器排风格板的格子花纹为左右对称成型的。但是，从初期型生产过程中的1943年5月起，格子花纹出现了变更，变成了左右相同的花纹。其后格板的花纹方面，直到虎式停止生产时为止都没有进行过任何的变更。

■侧面挡泥板 SIDE FENDER

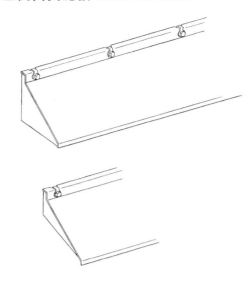

■侧面挡泥板

在初期型中采用的带补强板的侧面挡泥板是自1943年1月开始装备的。分割为4块的侧面挡泥板的长度均相同，三角形状的补强板焊接在前后和中央的3处地方。其中，只有第1侧面挡泥板前端和第4挡泥板后端的补强板是大型的，其他都是小型的。此外，自此款型起，螺栓固定部位上都开始常备有了垫片。

■S雷 S-MAIN

■S雷发射器

本体：

S雷的发射管是焊接在五角形基板中央竖立的垂直板上的。安装角度约为30度，无法改变其角度。垂直板子上虽然安装有螺栓和带有圆形旋钮的螺帽，但其用途却不甚明了。发射管前端下侧稍稍靠右的部位上开有较小的孔洞，但此孔洞的用途也尚不明确。管子底部与板子焊接到了一起，中心开启了配电用的孔洞。此外，管子的内侧上部安装有固定S雷本体的挡板，其外侧则有两个固定挡板用的铆钉。

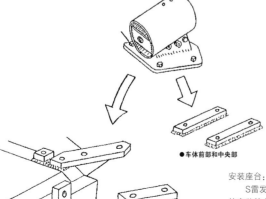

●车体前部和中央部

●车体后部

■烟雾弹发射器 SMOKE DISCHARGER

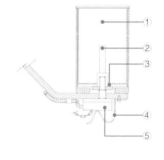 

烟雾弹
Schnellnbelkerze
39-23(NbK-S-39)

1）烟雾火药
2）N4型点火装置
3）烟雾弹发射火药1型（NbK WLdg1）火药是装填在透明的塑料胶囊中的，此物一旦爆炸，烟雾弹就会发射出去
4）初期型（标准型）插头压板
5）初期型（标准型）插头
6）极初期型插头压板
7）极初期型插头

■烟雾弹发射器的构造

装备于炮塔上的三连式的烟雾弹发射器使用了圆筒形的烟雾弹（NbK-S-39）。烟雾弹是从发射管的头部倒着装填的。发射器下方的插头是通过与基板上的螺丝接触通电给烟雾弹发射火药（NbK WLdg1）点火，让烟雾弹点火装置（N4）进行运作的。（断面图中的部分部位为推测结构）

安装座台：

S雷发射器的装备方法：安装到车体上面板前部和中央部的情况下，对S雷发射器用的安装基座进行焊接，在该部位上形成固定螺栓用的部位。安装到车体后部的情况下，将会凸出于车体之外，由车体侧面上的螺栓固定装置和在车身后部面板上部焊接固定的装置构成。

中期生产型 MID PRODUCTION

■中期生产型炮塔1 MID PRODUCTION TURRET1

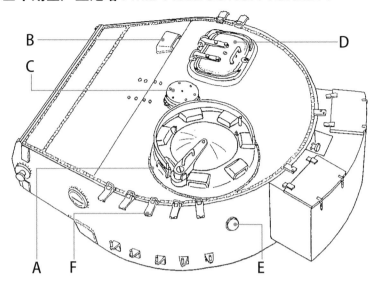

■中期型炮塔1

　　自1943年7月（392号炮塔）起，新型炮塔登场，而搭载了该炮塔的车辆就成为了中期型。以下为该款型的特征。

A：车长指挥塔变更为上部周围装备了7个潜望镜的新款型。潜望镜护罩上部焊接有装备防空机枪架用的轨道。舱盖为在弹出后滑动旋转开启的新式样。

B：为了确保良好的视野，装填手潜望镜护罩变更成了向前方扩展开来的形状。

C：换气孔也变成了新的款型，为了提高换气的效率，位置也改换到了中心部位。

D：装填手用舱盖方面，追加装备了在外侧能插入的中央锁扣机关的钥匙孔。此外，此舱盖也存在变种类型。

E：手枪射击区域变更成了简单的装甲栓型的手枪击口。

F：相较于初期型炮塔，备用履带支架的位置也向后进行了一定的调整。

■中期生产型炮塔2 MID PRODUCTION TURRET2

■中期型炮塔2

A：1943年10月起，手枪射击口被停用。

B：与手枪射击口同时期进行装备的S雷发射器也被停用了，作为这两处部位的替代品，军方计划在该位置装备上近距离防御性兵器。但是，此位置上兵器的装备是在后期型才开始的，所以中期型上并没有相应的兵器安装孔洞。

■中期生产型炮塔3
MID PRODUCTION TURRET3

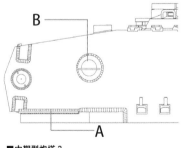

■中期型炮塔 3

A：中期型炮塔方面，装甲部件的形状也有所变更，前方垫衬（下巴部分）的构造也发生了变化。其实，虽然也有在初期型炮塔的上面板安装上新型指挥塔等新装备的炮塔照片，但因为该照片疑为修改过的照片，而制造数

量等也至今没有详细信息。

B：1943年8月起，为了扩大视野，装备于炮塔侧面的圆形观察缝的开口也进行了增大。

■关于中期型

　　将初期型生产车的炮塔换装成新型炮塔之后就变成了中期型。此新型炮塔是在1943年7月装备。由初期型炮塔转变而来的最为显眼的变更，就是将车长指挥塔由圆筒形变更成了上部凸出带有7处潜望镜的弯顶形指挥塔。其他方面，换气孔换成了新型部件，其位置也移动到了中央部，以及炮塔侧面左侧后部上的手枪射击区域被停用，改变成了装甲栓型的手枪击口，这些均为较为显眼的变更部位。此外，新型炮塔中，装甲部件的形状也进行了重新调整，前方下部的形状以及焊接的位置上则出现了微妙的差异。

　　中期型出现约1个月之后，自1943年8月中旬起，开始涂布炮塔和车体表面防磁用的Zimmerit

Coating，大部分的中期型都有此防磁涂装。在导入防磁涂装的同时也开始展开车体式样的变更，首先是车体车头灯变成了右侧1个，而左侧的车头灯则被拆下。然后，车头灯由车体上面转移到了车体前面中央部。此变更的附近导入了新型的带有防滑纹路的履带部件。此外，潜滤装置和空气滤清器也是在中期型的生产过程中停用的。还有，由初期型导入的S雷发射器和炮塔左侧面的手枪射击口最后也在中期型的生产过程中停用了。

　　自生产的后半期开始，车体后部上新设置了主炮用的行军锁，末期式样中则停用了车体前面的大型铁铲，车体后部装备的15吨千斤顶也变更为了20吨千斤顶。更进一步的是，车体前后的眼板

（Eye Plate）的形状变更成了后来在后期型中形成了标准化的下部凸起式的独特的钩子状部件也是在中期型的生产末期出现的。

■换气孔 VENTILATOR

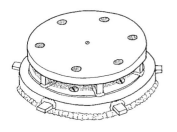 

■换气孔

　　换气孔为新型，上部的圆形装甲罩方面，周围用6处支架焊接形成。圆形装甲罩上有6处孔洞，此为在基板上安装换气孔用的螺丝插口。防水罩方面，形成了扣挂在基板周围6处焊接板状的凸起上的固定方式。

■装填手舱盖 LOADER'S HATCH

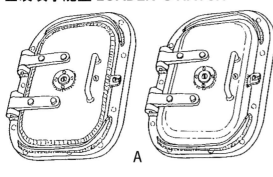 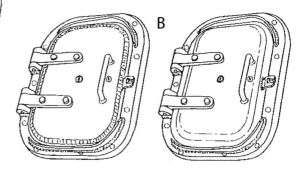

■装填手舱盖

A：和初期型一样，舱盖本体为冲压制成的单片式和将边缘和本体焊接到一起的两种类型。晚期生产的初期型和早期生产的中期型都用在中央外侧上另行焊接的方法增加了钥匙孔。

B：从中期型的后期起，开始使用了直接在舱盖上加工制成钥匙孔的款型。

■新型指挥塔 LOWER CAST CUPOLA

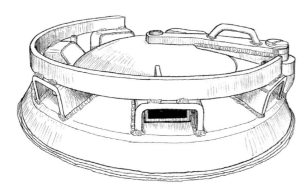

从1943年7月生产车辆，制造编号392号炮塔开始变更成了新型的铸造制指挥塔。

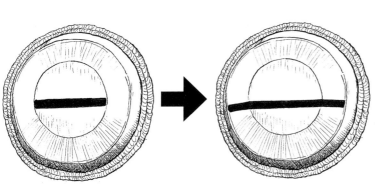

■航向机枪护盾 MG BALL MAUNT

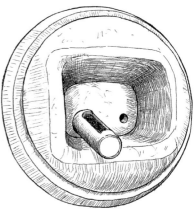

航向机枪护盾方面，两侧的防水罩卡具在初期型生产过程中便已停用。

■炮塔观察缝 TURRETSIDE VISION PORT

炮塔侧面的视察缝方面，自1943年8月的生产车辆开始增加该观察缝的长度。

■中期型车体前面1 FRONT HULL

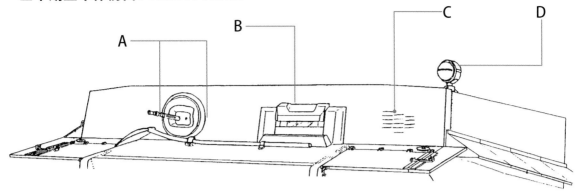

■中期型车体前面1

A：车体机枪护盾防水罩的安装螺钉在初期型的阶段中已经被停用，所以中期型中从一开始就没有装备过该物品。

B：KFF2潜望镜用孔洞也在初期型的阶段中被废止，所以自中期型起其孔洞从一开始就被取消。

C：1943年8月中旬起，为了对抗磁力吸附地雷，对炮塔及车体开始涂布防磁涂层（Zimmerit Coating）。因为中期型的生产是从1943年7月开始的，所以初期生产的批次中并未进行防磁涂装。

D：1943年8月起，车头灯就变更成了仅在车体左侧进行装备的式样。

■中期型车体前面2 FRONT HULL

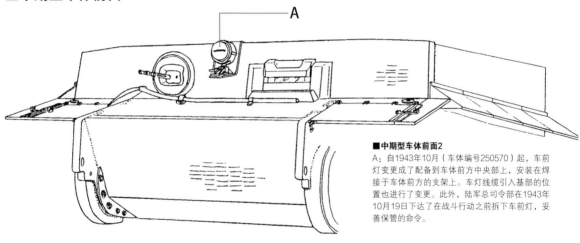

■中期型车体前面2

A：自1943年10月（车体编号250570）起，车前灯变更成了配备到车体前方中央部上，安装在焊接于车体前方的支架上。车灯线缆引入基部的位置也进行了变更。此外，陆军总司令部在1943年10月19日下达了在战斗行动之前拆下车前灯，妥善保管的命令。

■减震器固定部位 SHOCK ABSORBER

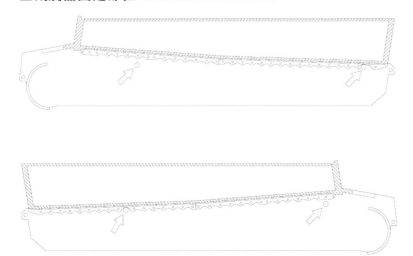

■减震器固定部位

　　车体内部，自生产初期起就在前后两处部位上装备了悬臂用的减震器，车体侧面上，其固定部头露出。其固定部在车体的左右位置是不同的（图中箭头位置）。此外，因为此固定部位会因震动而出现松动现象，所以自初期型生产中的1943年6月（车体编号250301）起装备了大型化后的改良型。因此，固定部头就形成了凸出于外侧的形式。

■中期型车体上部1 HULL DECK 1

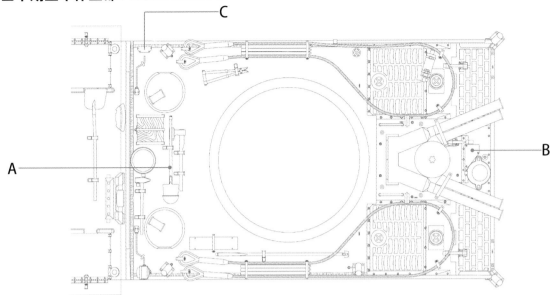

■中期型车体上部 1

　　1943年7月，搭载新型炮塔的中期型登场（车体编号250391开始），车体当然也同样就是初期型的后期式样了。图为作为中期型出现变化的1943年8月前后的状态。

A：此时，铁锹的长柄可以确认为较长的款型。虽然这一点估计是由初期型的生产过程中变更成此款型的，但令人遗憾的是，能够证明这一点的照片至今未能发现。

B：多边形状的盖子上，切角的造型由弧线变为直线。

C：1943年8月起，车体右侧的车头灯被停用，只不过基板和配线线缆保护管以及线缆延伸接入基部依旧还原样保留着。

■中期型车体上部2 HULL DECK2

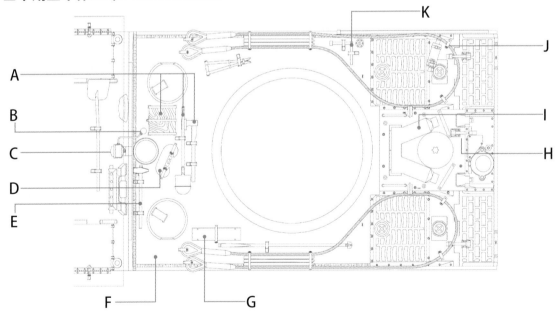

■中期型车体上部2

　　图中所示为1943年10月以后的状态。

A：因为装备了C形牵引钩，所以将铁锹、斧子和千斤顶的安装位置向后移动。车头灯的装备位置变更到车体中央。

B：车灯线缆接入基部的形状也变成了圆形。

C：自1943年10月起，车头灯被装备到了车体前方中央部。

D：自1943年9月起，C形牵引钩被装备到了此位置上。

E：旧车灯线缆接入部被停用，榔头的装备位置向前移动。

F：1943年10月上旬，S雷发射器的装备停用。

G：1943年9月，停用潜水装置，但引擎进气口闭锁板的装备被弃用则是在1943年12月。

H：引擎上部舱盖的小型锁具用安装基部部分，后部固定装置位置上的物品也被弃用了。

I：空气滤清器的装备虽然在1943年10月就被停用了，但该部件的安装卡具却依旧继续装备了一段时间，双股导管也一直装备到12月前后。

J：此位置的缆绳固定卡具也出现了若干位置上的变更。

K：从1943年10月（车体编号250570起），引擎启动摇把的握把开始被装备到了此位置上。

■中期型车体上部3 HULL DECK

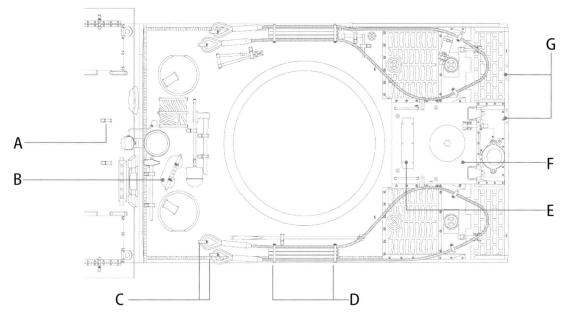

■中期型车体上部3（后期型初期车体上部）

此为中期型的最终阶段，即1944年1月前后的状态。

A：大型铁铲的装备在1944年1月被停用。只不过，固定卡扣的安装状态其后依旧还持续了一段时间。

B：C形牵引钩的装备位置变更到了外侧。此变更时期的详细情况目前尚不明确。

C：虽然其准确的变更时期尚不明确，但中期型的后期式样中，缆绳尾端固定装置的位置被往后移动了一段距离。

D：伴随着缆绳尾端固定装置的移动，炮膛清洁杆及缆绳固定装置的位置也向后移动了。

E：引擎进气口上新安装了后方带有开口部的罩子。

F：不再装备空气滤清器和连接导管的安装基座，小型锁具用安装基座也彻底从引擎上部舱盖上消失了。

G：1943年11月起，此位置上装备了主炮用的行军锁。此部件在后期型生产开始后不久的1944年2月被停用。

■中期型车体侧面 SIDE HULL

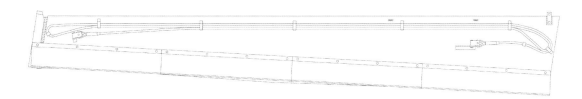

■中期型车体侧面1

自中期型生产开始后的1943年8月（车体编号250461）起，车体左侧面的履带更换用钢缆的装备方法变成了图中所示的模样。

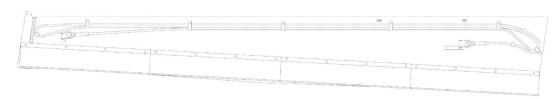

■中期型车体侧面2

1943年10月上旬，S雷发射器的装备废除，位于车体侧面后部安装座的固定板也消失了，但防水罩的安装卡具依旧保持着两个的原状，并未被改回3个。

■引擎上部舱盖 ENGINE HATCH

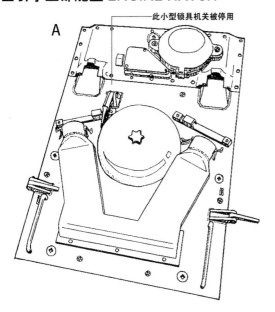

此小型锁具机关被停用

A

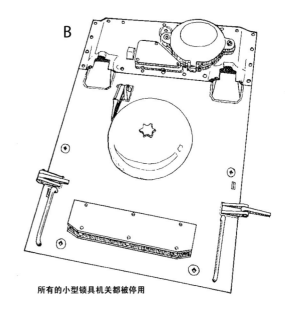

B

所有的小型锁具机关都被停用

■引擎上部舱盖的变迁

A：引擎上部舱盖上原本有6个小型锁具机关和4个大型锁具机关，在中期型的生产中，舱盖固定装置附近的小型锁具机关被停用了，其基部也同时消失了。空气滤清器的装备虽然在1943年10月也停用了，但双股导管却一直被装备到了12月前后。此外，引擎进气用防雨盖方面，在中期型中，没有

棱角的穹顶形成为了主流。

B：中期型的后期式样中，与空气滤清器相关的装备和安装基座全部都消失了，引擎进气口装备上了专用的进气口罩。此外，引擎上部舱盖的小型锁具机关全部被停用了，锁具机关就只剩下4处大型的锁具。

■橡胶边缘负重轮 RUBBER-TIRED ROADWHEEL

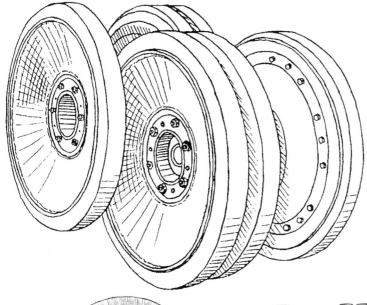

■负重轮

　　从极初期起到中期型都使用的是橡胶边缘型负重轮。单侧8根的悬臂上分别安装有3片构成的橡胶边缘负重轮，相互毗邻的负重轮形成了相互叠交的状况。只不过，其中1号、3号、5号、7号奇数编号悬臂内侧负重轮上，橡胶边缘有两列，而轮子自身却并非是独立的一体构造的部件。左侧的插图为深处是奇数编号悬臂用负重轮，而近处则是偶数编号悬臂用负重轮。实际上，负重轮内侧的螺栓数量在不同生产时期的数量也存在不同。极初期型中，螺栓数为6个，但其后因为强度不足的原因，在初期型生产过程中的1943年1月，作为应急处理，在6个螺栓的两边相邻处各追加了两个螺栓，其数目变成了18个（左侧插图便是此款型）。而自1943年4月起，又变成了等距安装12个螺栓，中期型沿用了此款型。

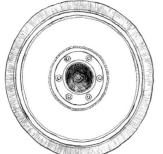

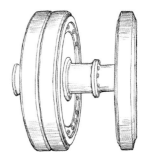

■履带 TRACKS

A（初期标准履带 Kgs 63/725/130）

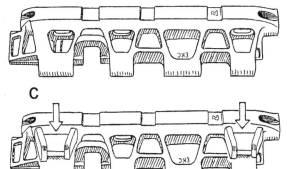

B（与A形成对称形状）

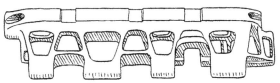

C

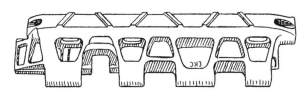

D

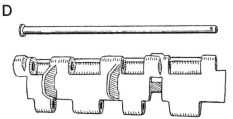

■履带

履带A为虎式的初期标准履带。款型为Kgs 63/725/130，宽度为725mm。在极初期型的最初20辆（车体编号250001~250020）中，在车体左右使用了专用的履带。将履带A设置到车体的左侧，车体的右侧上则要装备与A形成对称形状的B履带。然而，这样的款型在修理破损履带时就需要分别调集左侧用和右侧用，极为不便，而且评价也不是很好。或许是为了解除第一支装备虎式坦克的第502重型坦克营的这种不便，也有在车体两侧都安装B的车辆。或许是在战斗中吸取了教训的原因，配备了车体编号250011以后的车辆的第501重型坦克营中，履带两侧都安装了A型履

带。因为左右两侧同时都使用了相同履带的缘故，当然履带在左右方向上就形成了逆向安装。履带上，能够安装冰冻路面用的八字形的防滑具。尽管C是安装上之后的状态，但实际上却并非在一片履带的左右都装备上的，一般都是以一片履带左侧，一片履带右侧的形式进行装备的。D中展现的是履带背面和履带销的模样。

新型履带 Kgs 63/725/130

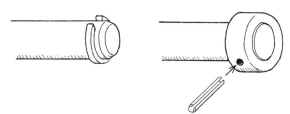

自中期型生产过程中的1943年10月（车体编号250570）起，接地面上开始装备带有防滑纹路模纹的新型履带。款型为Kgs 63/725/130，虽然和先前相比并没有改变，但其后此新型履带就成为了标准装备。

铁路运输型履带 Kgs 63/520/130

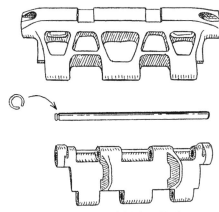

铁路运输时装备的520mm宽度的专用履带，款型为Kgs 63/520/130。此为左右通用型，虎式的生产全期间中都使用此履带。连接销是通过加固环扣的方式固定的，并未进行过变更。作为其变种款型，也存在少量有履带外侧的端头（底部）上带有凹槽的部件。

履带销 TRACK PIN

履带销的固定方法，原先是在外侧一端近前方的沟槽上嵌入固定C形扣的方式。但似乎是因为此方式较容易脱落的缘故，自初期型生产过程中的1943年3月（车体编号250145）起变更为了覆盖上环扣盖，以弹性圆柱销来固定的方法。弹性圆柱销是带有C形断面的销杆，其自身就带有一定的弹性，插入到履带销的小孔洞中也不会轻易地脱落。

■灭火器 FIRE EXTINGUISHER

■灭火器

灭火器的固定装置方面，可以通过前后的形状分成A型和B型两种。两者都与虎式初期型和后期型等的生产时期无关，始终都在使用。战场照片中，感觉使用A型的虎式似乎相对更多一些。

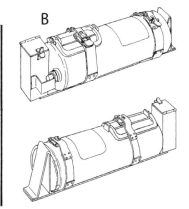

■中期型车体后部 MID PRODUCTION REAR HULL

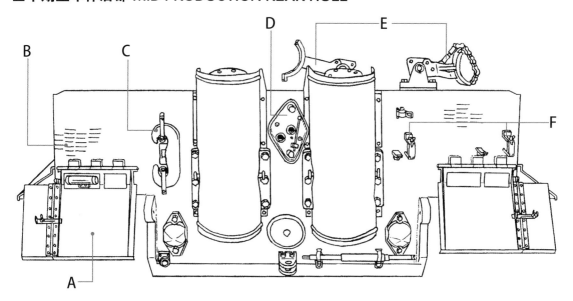

■中期型车体后部

A：后挡泥板方面，自初期型的生产过程中起，尾灯用的缺角就变小了，其设计也存在缩小化的倾向。

B：因为自1943年8月开始导入防磁型涂装（Zimmerit Coating），所以车体的焊接部位等表面细节就变得无法再靠肉眼来进行判断了。其后的虎式一直到生产终结为止都是在涂装过防磁性涂料之后再出厂的。

C：自1943年9月起，C形钩的装备就变成了2个。其中一个被装备到了车体上面前方，而另一个则安装到了图中所示的位置。

D：引擎启动机轴用适配器方面，HL230P45引擎用成为了标准装备（请参考初期型的项目）。

E：自1943年11月起，此处开始装备上了行军锁。

F：千斤顶用固定装置的位置向内侧移动了一定的距离。此外，从1944年1月（车体编号250772）起，装备用千斤顶也由15吨变更成了20吨。

■行军锁 TRAVELING LOCK

A

B

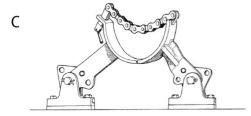

C

■行军锁

插图是从车体后方看到的行军锁。

A：此图展现了仅留下了行军锁的卡轴部位的状态。内侧的板子除了中央的卡轴孔之外，向左右凸出的部分上还有固定夹臂用的孔洞。

B：以开启位置将夹臂固定到卡轴部位上之后的状态。估计轴应该是带头的插销，从内侧插入，在近前方用线圈来固定。夹臂的基座上开启位置和闭合位置用的两个孔洞，与卡轴侧的孔洞相互契合，然后再用线圈来进行固定。

C：图中展现了夹臂闭合位置的状态。安装于右侧夹臂炮管托一端链条部位的前端挂扣到左侧夹臂上之后也可以锁扣住炮管，但在并未设置炮管的情况下，链条就会像图中所示的状态一样形成下垂状态。

■排气管 EXHAUSE MUFFLER

■排气管

排气管的上部，作为潜渡装置的一部分装备了防水用的盖子。尽管潜渡装置在中期型生产过程中于1943年9月被弃用，但此盖子却是在1943年10月之后才停止装备的。

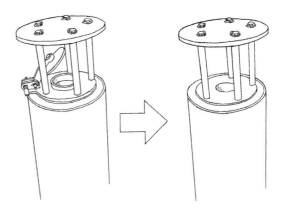

■中期型车体后面左侧 MID PRODUCTION LEFT REAR HULL

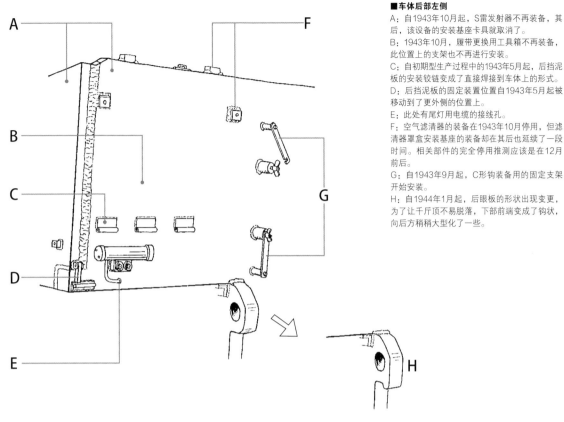

■车体后部左侧

A：自1943年10月起，S雷发射器不再装备，其后，该设备的安装基座卡具就取消了。

B：1943年10月，履带更换用工具箱不再装备，此位置上的支架也不再进行安装。

C：自初期型生产过程中的1943年5月起，后挡泥板的安装铰链变成了直接焊接到车体上的形式。

D：后挡泥板的固定装置位置自1943年5月起被移动到了更外侧的位置上。

E：此处有尾灯用电缆的接线孔。

F：空气滤清器的装备在1943年10月停用，但滤清器罩盒安装基座的装备却在其后也延续了一段时间。相关部件的完全停用推测应该是在12月前后。

G：自1943年9月起，C形钩装备用的固定支架开始安装。

H：自1944年1月起，后眼板的形状出现变更，为了让千斤顶不易脱落，下部前端变成了钩状，向后方稍稍大型化了一些。

■中期型车体后面右侧 MID PRODUCTION RIGHT REAR HULL

■车体后部右侧

A：初期型的生产过程中，千斤顶用固定卡具的位置向内侧移动了一定距离。

B：初期型的生产过程中，千斤顶用承重卡具下部支撑板的高度缩短。

C：自1943年5月（初期型的生产过程中）起，后挡泥板的设计出现了若干变更。尾灯用的开口小型化，变成单纯的长方形，上部铰链两侧的下部上设置了缺角。此外，在带状铰链上开始使用了节数较多的部件。

D：自1943年11月（中期型：车体编号250635）开始，车体后部开始装备主炮用的行军锁，锁具解除并不是自动式的，所以并不实用。因此，该装备就只延续到了1944年2月（后期型：车体编号250875），进行了短短一段时间的安装之后便被停用了。

E：天线盒方面，在S雷发射器被废止之后，也依旧没有变更回原先的位置上去。

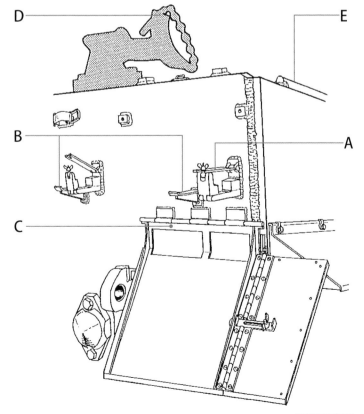

后期/最后期生产型 LATE/LATEST PRODUCTION

■后期生产车炮塔 LATE PRODUCTION TURRET

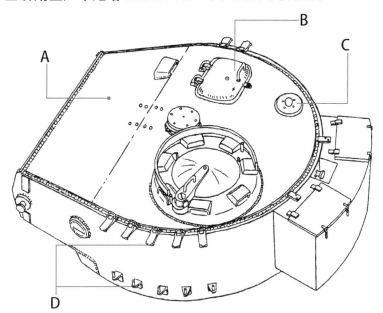

■后期型炮塔1

　　后期型主要指的是车体上装备了钢制负重轮的车型，而此车型是在1944年2月开始生产的。此时搭载的炮塔与中期型的后期式样完全相同。插图指出了转变为后期型之后，后期型用炮塔出现了变更的部位。

A：自1944年3月（车体编号250991）起，炮塔上面板由25mm厚变更为40mm厚。其上面板为中部弯曲加工的单片装甲板。此外，相应增厚的部分，其上面板也从炮塔周围凸出了出来。

B：装填手用舱盖的安装框消失，变更成了直接安装在炮塔上面板的形式。炮塔上面板变更成40mm厚之后，舱盖依旧保持了25mm厚的厚度。此外，舱盖本身也多少呈现出了小型化的趋向。

C：炮塔上面板变更为40mm厚的同时，近战防御兵器也开始进行了装备。近战防御兵器使得从炮塔内发射烟雾弹、信号弹、对步兵榴弹3种弹药变成了可能，所以这是一种替代先前装备于车体上的S雷发射器的替代品。

D：左右的备用履带支架向后方移动了一定的距离。

■最后期生产车炮塔 LATEST PRODUCTION TURRET

■最后期型炮塔

　　图为最终状态的炮塔。

A：上面板自1944年5月起被分割成倾斜部和水平部分的前后，变更成了焊接接合类型。

B：1944年6月，开始在上面板的3处部位上焊接被称为"Pilze（蘑菇）"的简易起重臂安装用基座。

C：装填手用舱盖最后装备了虎式II型亨舍尔炮塔用的部件的说法，其实是一种误解。

D：1944年5月起，指挥塔上开始使用了带有3处滤水用切口的部件。

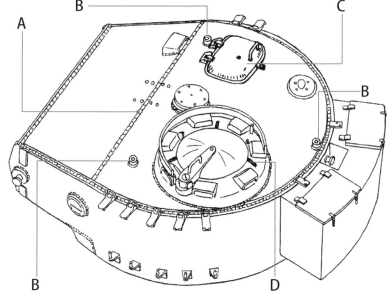

■防盾 MANTLET

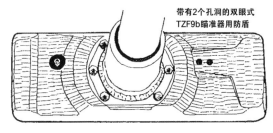

带有2个孔洞的双眼式
TZF9b瞄准器用防盾

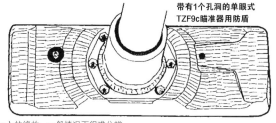

带有1个孔洞的单眼式
TZF9c瞄准器用防盾

■主炮防盾

　　1944年3月底到4月上旬，主炮用瞄准器由双眼式的TZF9b变更为了单眼式的TZF9c。与此同时，主炮防盾上开启的瞄准器口当中，外侧的孔洞焊接上了装甲栓，彻底被封闭上了。其后，从一开始就使用了的瞄准器口被加工成只有一个的防盾，但因为涂装有防磁性涂装（Zimmerit Coatin-

g）的缘故，一般情况下很难分辨。

■逃生舱盖 ESCAPE HATCH

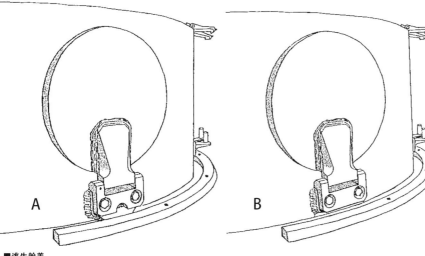
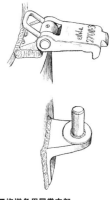

A   B

■炮塔备用履带支架
装备于炮塔左右的备用履带支架。
每个支架上装备一块履带。后期
型当中，其位置稍稍被挪到了后
方。

■逃生舱盖
A：车体上装备了炮塔环状护圈后，会和炮塔逃生舱盖的铰链形成干扰，
所以要在安装孔洞的位置上对铰链下部进行切割来应对。铰链的安装基座
依旧保持原样。

B：伴随着生产过程的推进，旧铰链部件的库存变少，之后开始使用
新型下部较短的专用铰链，同时安装基座也变得小型化。最后期型
的铰链如图所示。

■装填手舱盖 LOADER'S HATCH

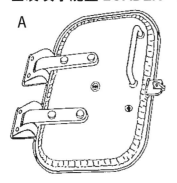 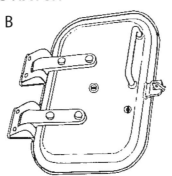

A   B

■装填手舱盖变种
A：此为与炮塔上面板变成40mm厚的同时采用的舱盖，
把手靠近右侧，把手下方的钥匙孔移动到了左侧。铰链的
形状也和先前安装框装备型的不同。
B：舱盖依旧存在焊接型和冲压型2种。A为焊接型，B为
同式样的冲压型。
C：图为更后期型使用的款型，舱盖的铰链臂并非螺栓，
而是变更成了焊接接合，铰链臂也变短了。自此款型起，
舱盖就只剩下冲压型了。
D：此为装备于虎式II型保时捷炮塔型的40mm厚型的舱
盖。舱盖的冲压构造方面，虎式和虎式II型之间存在一定
的差异，保持原状的话是无法通用的。因此，虎式中并未
使用此舱盖。

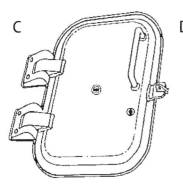 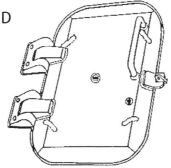

C   D

■近战防御兵器 CLOSE DEFENSE WEAPON

■近战防御兵器
作为S雷发射器的
替代品开始装备了
此物。

■炮口制退器 MUZZLE BRAKE

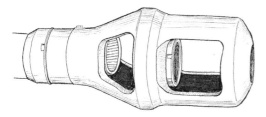

■炮口制退器
1944年4月以后开始装备。
轻量化到了35千克。

■起吊环固定座 PILZE SOCKETS

■起吊环固定座
从1944年6月开始装备
两吨起重臂用的套筒。

■后期/最后期生产型车体前部 FRONT HULL

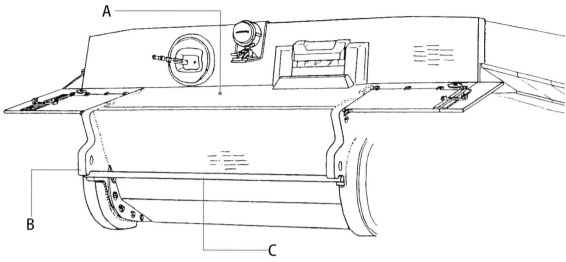

■后期型车体前面
A：大型铁铲的装备于1944年1月的中期型最终式样的阶段被停用。但是其后一段时间内，尽管其固定支架依旧还保留着，但后期型中已经再没有此物了。
B：1944年1月起，前眼板的形状出现了变更。
C：后期型中，前眼板下侧焊接上杆子作为备用履带支架的例子有很多。

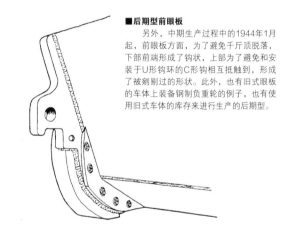

■后期型前眼板
　另外，中期生产过程中的1944年1月起，前眼板方面，为了避免千斤顶脱落，下部前端形成了钩状，上部为了避免和安装于U形钩环的C形钩相互抵触到，形成了被剜剔过的形状。此外，也有旧式眼板的车体上装备钢制负重轮的例子，也有使用旧式车体的库存来进行生产的后期型。

■引擎上部舱盖　ENGINE HATCH

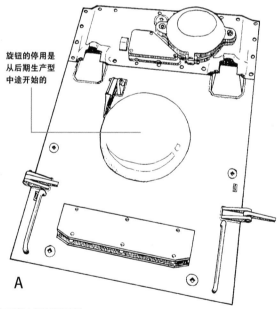

旋钮的停用是从后期生产型中途开始的

A

后期生产型中发现的一个特异的例子

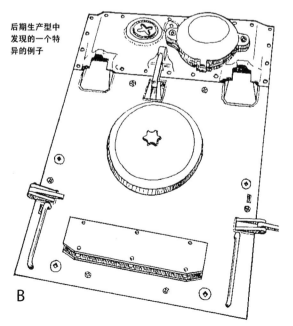

B

■引擎上部舱盖的变迁
A：引擎过滤器罩子上部的旋钮是于1943年9月停用的潜滤装置机构的一部分。但是，开始装备把此握把被停用后的过滤器罩子是自后期型的生产过程中开始的。
B：尽管此为后期型，引擎上部舱盖和其后面板却是较为老式的初期型用部件。想来这应该是因修理或循环使用造成的结果，但此物的存在却能在战场照片中得到确认。因为此车辆炮塔上面板还是25mm厚，车体上已经没有再装备行军锁，炮塔护环的装备也能确认到，所以应该是从1944年2月下旬到3月中旬之间的生产车。

■后期/最后期车体上面 HULL DECK

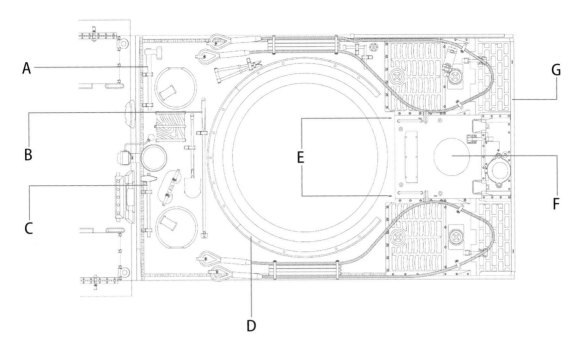

■后期型车体上部

后期型生产初期的车体上部和中期型的最终式样一样。此插图展现的是后期型的生产开始后稍稍经过一段时间的1944年5月以后的状态。
A：伴随着炮塔护环的装备，斧子的装备位置也变更到了此处。
B：同样因为装备了炮塔护环的缘故，撬棍的装备也被移动到了这里。
C：在索米尔博物馆中现存的车体编号251114中，榔头的外侧支架位置移动到了更为靠近边缘的部分上。
D：后期型的生产为1944年2月的车体编号250822开始的，而同月的车体编号250850开始装备上了炮塔护环。只不过，最初的护环是断面为四角形的（外侧也垂直）。至少直到3月都是此初期型护环。图中的款型为新型护环，断面形状方面，外侧出现倾斜，高度也稍稍变低。此护环为3段拼接组合形成，是用螺栓从车体内部固定安装到车体上的。
E：伴随着炮塔护环的装备，防水罩安装卡具的位置也变更至此。

F：潜渡装置停用之后，引擎过滤器罩的进气口锁闭机构被停用，罩子上部的旋钮消失，但这至少也是1944年4月以后的事了。
G：主炮用行军锁自1944年2月（车体编号250876）起被停用。

■后期/最后期车体上面 HULL SIDE

■后期型车体侧面

后期型的车体侧面与中期型的后期式样相同。侧面挡泥板直线安装。

■关于后期/最后期型

中期型是炮塔的变更造成的称呼改变，而后期型则是因车体变化造成的名称变更。说有变化，其实也不过就只是负重轮从橡胶边缘型变成了钢制型这一单纯的变化罢了。钢制负重轮中，缓冲橡胶变成了内藏式，这样的设计其目的也是为了减少橡胶的磨损，据说也是以苏军制KV坦克的负重轮为参考进行的设计。后期型的生产初期，除负重轮以外，基本上也几乎与中期型的最终生产式样一样。之所以说"几乎"，也是相对于最初安装的车体编号250822，自其后的车体编号250823起，新设了引擎冷却水加温装置用的喷灯插入口。虽然车体为在中期型末期的基础上变更了眼灯部形状的新型，却也能确认到一部分采用了旧型的例外。

钢制负重轮的首次采用是在1944年2月初，而自2月中旬起，车体上面开始装备了炮塔用的护环，不久之后，其诱导轮的直径也自700mm缩小到了600mm。也就是说，也没有护环，诱导轮保持先前较大的原状的后期型也同样存在。到了3月中旬，炮塔顶面装甲由25mm厚变更成了40mm厚的单片式装甲板，同时在此上面板装备了近战防御兵器。此外，主炮瞄准镜也由双眼式变成了单眼式，主炮防盾上的瞄准镜口由2个减少到了1个，这同

样是在此时期形成的。4月起，主炮炮口制退器方面也导入了轻量化之后的小型新款，6月起，炮塔顶面装甲的3个部位开始装备上了被称为"蘑菇（Pilze）"简易起重臂设置用的套筒。

最后期型是在上述直到6月的变更之后的基础上，又出现了炮塔顶面装甲变为前后两块分割焊接式、指挥塔上存在3条滤水沟槽、从一开始炮塔逃生舱盖的铰链就小型化，以及钢制负重轮中心的扇形部件上的螺栓变为等距配置等特征的款型。此外，后期/最后期型上，全车上都覆盖涂装了防磁涂料（Zimmerit Coating）。

■车体后面 REAR HULL

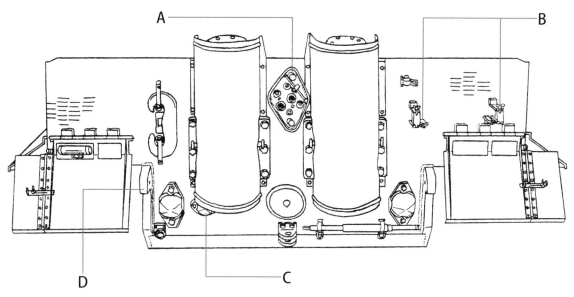

■后期型车体后部
A：引擎启动机轴用适配器方面，自1944年2月起装备了新的款型。
B：装备千斤顶自1944年1月（车体编号250772）起，由15吨变更成了20吨，而其安装卡具的位置也出现了变更。

C：1944年2月（车体编号250823）起，开始装备了冬季时使用的引擎冷却水加温装置。热源方面使用了喷灯，并在后面板上设置了插入孔洞，平时则用装甲罩来进行遮盖。
D：自1944年1月起，后眼板的形状变更成了钩形。

■车体后面右侧 RIGHT SIDE REAR HULL

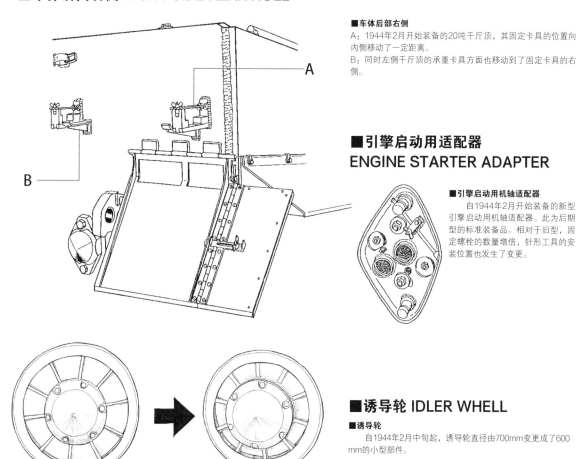

■车体后部右侧
A：1944年2月开始装备的20吨千斤顶，其固定卡具的位置向内侧移动了一定距离。
B：同时左侧千斤顶的承重卡具方面也移动到了固定卡具的右侧。

■引擎启动用适配器 ENGINE STARTER ADAPTER

■引擎启动用机轴适配器
　　自1944年2月开始装备的新型引擎启动用机轴适配器。此为后期型的标准装备品。相对于旧型，固定螺栓的数量增倍，针形工具的安装位置也发生了变更。

■诱导轮 IDLER WHELL

■诱导轮
　　自1944年2月中旬起，诱导轮直径由700mm变更成了600mm的小型部件。

■钢制负重轮 STEEL TIRED ROADWHELL

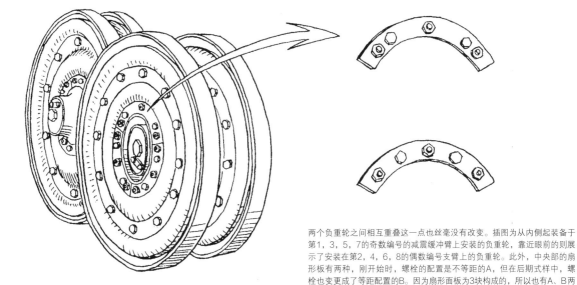

■负重轮

　　自1944年2月（车体编号250822）起，替代橡胶边缘负重轮，开始装备钢制负重轮。此式样的车辆被分类为了后期型。钢制负重轮为内部内藏环状的缓冲橡胶，如此一来，比起与履带经常接触的橡胶边缘型来，更能减轻对橡胶的消耗。负重轮为1根减震缓冲臂对应两个负重轮，而相邻的

两个负重轮之间相互重叠这一点也丝毫没有改变。插图为从内侧起装备于第1，3，5，7的奇数编号的减震缓冲臂上安装的负重轮，靠近眼前的则展示了安装在第2，4，6，8的偶数编号支臂上的负重轮。此外，中央部的扇形板有两种，刚开始时，螺栓的配置是不等距的A，但在后期式样中，螺栓也变更成了等距配置的B。因为扇形面板为3块构成的，所以也有A、B两种混合安装的负重轮。

■主动轮 DRIVE SPROCKET

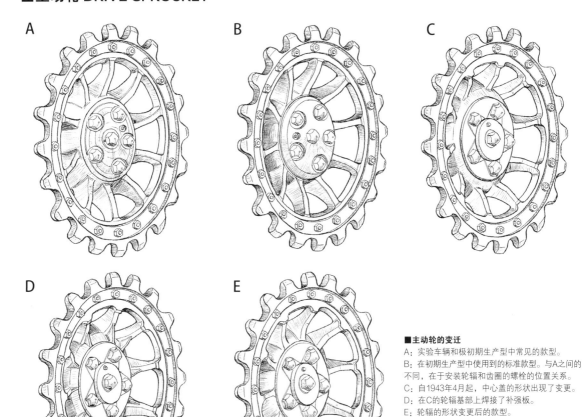

A

B

C

D

E

■主动轮的变迁

A：实验车辆和极初期生产型中常见的款型。
B：在初期生产型中使用到的标准款型。与A之间的不同，在于安装轮辐和齿圈的螺栓的位置关系。
C：自1943年4月起，中心盖的形状出现了变更。
D：在C的轮辐基部上焊接了补强板。
E：轮辐的形状变更后的款型。

D 656/30a

Pz Kpfw Tiger
Aust. E.

Instandsetzungsanleitung
für Panzerwarte

Laufwerk

Vom 22. 3. 44

D656/30a 虎式坦克
行走装置维修手册 部分节选
Instandsetzungsanleitung für Panzerwarte Laufwerk

资料提供：泷口 彰

■履带更换的说明 — 6 —

1 b Gleisketten abnehmen und auflegen

Sonderwerkzeug: Dorn K 7644/44.
特殊工具：K7644/44

2 Sicherungsbleche der Befestigungsschrauben des Deckels zur Ketten-nachstellung aufbiegen.
2 Befestigungsschrauben mit Steckschlüssel SW 42 ausschrauben.
拆下履带绷紧装置盖的螺栓。

Deckel abnehmen.
Kette durch Linksdrehen der Kettenspannschraube entspannen (Steck-schlüssel SW 46).
拆卸下履带绷紧装置的罩子，向左回旋其中的螺栓，放松履带。

— 7 —

noch 1 b Gleiskette abnehmen und auflegen

Am Leitrad Kettenbolzen mit Dorn K 7644/44 von außen nach innen aus-schlagen. Spannstift des Stellringes wird dabei abgeschert.
由外侧向内侧敲击取下履带栓。

Kettenglieder mit Kettenschließer zusammenhalten, damit Dorn leicht herausgezogen werden kann.
Pz Kpfw vorwärts fahren und oberen Teil der Kette über das Treibrad abrollen lassen.
拆卸履带栓的时候需要固定住履带。

— 8 —

Pz Kpfw auf neue Kette so weit vorfahren bis vorderes Kettenende mit erstem Laufrad abschneidet. Holzbohle unter erstes Kettenglied legen.
在第1负重轮前方切开履带，在前端的履带板下铺设木制条块。

Drahtseil (14-m-Seil) am hinteren Kettenende mit Kettenbolzen be-festigen.
将更换履带用的缆绳（14米）安装到履带销上。

— 9 —

noch 1 b Gleiskette abnehmen und auflegen

Drahtseil zweimal um Triebrad legen und am freien Ende anziehen. Darauf achten, daß die Drahtseillagen glatt nebeneinander liegen.
将更换用缆绳在主动轮缠绕上两圈，把履带拉伸开。

Motor anwerfen und Kette im ersten Gang mit Drahtseil so weit nach vorne ziehen bis Kette in die Zähne des Triebrades eingreift.
发动引擎，拉拽履带，直到履带卡合到主动轮上为止。

— 10 —

Drahtseil entfernen.

从履带栓上解开更换用缆绳。

Kettenglied vor der 1. Laufrolle mit Brechstange anheben.

Kette mit Triebrad weiter anziehen und freies Ende auf Brechstange abgleiten lassen bis beide Kettenenden ineinander greifen.

用撬棍撬起履带，在主动轮下进行组合。

— 11 —

noch **1 b** Gleiskette abnehmen und auflegen

Kettenbolzen von innen nach außen einschlagen.

从内侧向外侧敲击履带销。

Stellring auf Kettenbolzen schieben.

Spannhülse einschlagen.

将固定环安装到履带销上。

— 14 —

Neues Kettenglied einsetzen.

Kette schließen und spannen wie 1 b.

插入新的履带板，用1b的方法连接，
将履带拉紧。

— 15 —

■负重轮（概论）

2. Laufräder

2 a Allgemeines

Die Laufräder sind geschachtelt angeordnet (Schachtel-Laufwerk).

将负重轮配置成棋盘花纹模样
（行走装置部分）

Triebrad 主动轮

Innenlaufrad 内侧负重轮

Zusatzlaufrad für Innenlaufrad 内侧负重轮的追加负重轮

Aussenlaufrad 外侧负重轮

Zusatzlaufrad für Aussenlaufrad 外侧负重轮的追加负重轮

äusseres Aussenlaufrad 外侧负重轮的外负重轮

inneres Aussenlaufrad 外侧负重轮的内负重轮

Leitrad 诱导轮

Laufradanordnung.
负重轮配置

■外侧负重轮更换的说明 — 18 —

Kette mit Wagenwinde anheben bis Laufrad freiliegt.
用千斤顶顶起履带，让负重轮露出在外。

Sicherungsbleche aufbiegen.

6 Muttern mit Schlüssel SW 27 abschrauben.

Laufrad mit 4 Abdrückschrauben 12×50 gleichmäßig abdrücken.

Anbau in umgekehrter Reihenfolge.

先用夹板夹住，再用SW27扳手拧松6个螺帽。在负重轮上分别插入4根相同的栓子（12×50）。安装时以相反的顺序操作。

— 19 —

noch 2 Laufräder

2 c Zusatzlaufrad für Außen-Laufrad und äußeres Außen-Laufrad ab- und anbauen

2c 外侧负重轮的追加负重轮和外侧负重轮的安装拆卸。

Sonderwerkzeuge: 特殊工具：
Holzbohle 250×200×40 mm 木块 250mm×200mm×40mm
2 Klötze zum Unterklotzen der Schwingarme 摇臂用的2块木片
Abziehvorrichtung K 7644/30. 拆卸工具 K7644/30

Zusatzlaufräder der benachbarten Innen-Laufräder abbauen (2 b).
拆卸下与内侧负重轮相邻的追加负重轮（2b）。

Holzbohle hinter die Kettenzähne legen und Pz Kpfw vorwärts fahren bis die Holzbohle unter dem Laufrad liegt, dessen Zusatzlaufrad abgenommen werden soll.

2* 在主动轮的后方垫上木块，稍稍前进坦克，让负重轮爬升到木块的上面。拆卸下追加负重轮。

— 22 —

Zwischenring mit 2 Meißeln lösen.
将两根凿子插入到中间环上。

Zwischenring abnehmen.
拆卸下中间环。

— 23 —

noch 2 c Zusatzlaufrad für Außen-Laufrad und äußeres Außen-Laufrad ab- und anbauen

2c 外侧负重轮的追加负重轮和外侧负重轮的分解和组装。

Sicherungsbleche der Halteschrauben des Zusatzradflansches aufbiegen.

6 Schrauben mit Schlüssel SW 27 ausschrauben.

露出追加负重轮的螺栓压板。用扳手SW27拧松6根螺栓。

Zusatzradflansch mit Abziehvorrichtung K 7644/30 abziehen.
用拉手工具K7644/30拆卸下追加轴承套的凸缘。

■外侧负重轮的内负重轮更换的说明
（从中途起）

noch 2 e Inneres Außenlaufrad ab- und anbauen

Nabenverschlußkappe mit Steckschlüssel SW 70 ausschrauben.
用套筒SW70拆下内部盖子。

Halteschraube mit Steckschlüssel SW 56 ausschrauben, Sicherung und Haltescheibe herausnehmen.
用SW56套筒拆下螺栓。拆下安全栓和制动板。

Sicherungsblech der Nabenhalteschraube aufbiegen.
掰开紧固螺栓的止动垫圈。

Laufradnabe mit Abziehvorrichtung K 7644/32 abziehen.
用扳手工具K7644/32拆卸下负重轮轮轴。

2 g Laufradreifen wechseln
■负重轮的橡胶轮胎更换的说明
Laufrad abbauen nach 2 b, c, d, e.
拆卸下负重轮之后。

noch 2 g Laufradreifen wechseln

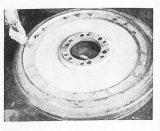

Sicherungsbleche der Befestigungsschrauben des Felgenkranzes aufbiegen. 拆下外缘固定板的螺栓。
12 Schrauben 14×30 und 6 Schrauben 14×7 ausschrauben.
拆下12根14×30的螺栓和6根14×7的螺栓。

Felgenkranz abnehmen.
拆下外缘固定面板。

6 Schrauben 14×30 in die Bohrungen der Schrauben 14×7 einschrauben und durch gleichmäßiges Anziehen den Felgenkranz abdrücken.
在安装6根14×7的螺栓孔上固定上6根14×30的螺栓，撬起外缘固定面板。

Reifen herunterschlagen.
用榔头敲打，拆下橡胶边缘部位。

3 b Leitrad ab- und anbauen
■诱导轮的更换说明

Sonderwerkzeug: 特殊工具：
　　Abziehvorrichtung K 7644/32. 拉拽工具

Kette entspannen und öffnen (1 b).放松绷紧的履带，动手拆卸。

Pz Kpfw so weit vorwärts fahren, daß die Kette nicht mehr auf den Laufrädern des Schwingarmes 7 und 8 aufliegt und gleichzeitig vor diese Laufräder Holzbohlen legen, so daß beim Auffahren auf diese die Zusatzlaufräder entlastet und abgenommen werden können (2 b, c).

可以在履带并未搭载于7号和8号摆臂上，同时负重轮也并未搭载在木块上，追加负重轮也被取下的状态下进行拆卸。

Sicherungsbleche der Befestigungsschrauben des Panzerdeckels aufbiegen.

6 Schrauben mit Steckschlüssel SW 22 ausschrauben.
拆卸下装甲罩固定板的安装螺丝。
用套筒扳手SW22拆下6根螺栓。

noch 3 b Leitrad ab- und anbauen

Panzerdeckel abnehmen.
6 Druckfedern herausnehmen.
拆下装甲罩。
拆下6处弹簧压片。

Sicherungsblech für Halteschraube aufbiegen.
Halteschraube mit Steckschlüssel SW 56 ausschrauben.
松开锁定面板的固定螺丝。
用套筒扳手SW56拆下锁定面板。

Nabe ausgebaut.
拆下轮轴。（注：注意诱导轮的内部构造。）

3 d Lager und Dichtungen im Leitrad aus- und einbauen
3 d Lager und Dichtungen im Leitrad aus- und einbauen
诱导轮密封圈的装卸。

Leitrad abbauen (3 b).
拆分诱导轮。

Sicherungsbleche der Halteschrauben für die Sicherungsplatte aufbiegen.
Halteschrauben mit Schlüssel SW 22 ausschrauben.
Sicherungsplatte abnehmen.
松开圆盘固定板的螺栓，用楔形SW22拆下锁定板。

2 Schrauben 12×30 in Schraubdeckel einschrauben.
Schraubdeckel mit Brecheisen ausschrauben.
固定上螺栓罩中的两根12×30的螺栓。
用条棍拆下螺栓罩。

■摆臂的更换说明（中途开始）

Schutzblech für den Stoß-
dämpferhebel entfernen
(4 Schrauben SW 17).
拆下减震器的防护板
（4根SW17螺栓）。

Halteschrauben der unteren
Bolzensicherung ausschrau-
ben. Sicherung entfernen.
拆下螺栓固定板，松开螺栓。

noch 5 c Schwingarm 1 aus- und einbauen

Stoßdämpferbolzen mit Mon-
tiereisen herausdrücken.
用按压装置固定减震器的螺栓。

Schwingarm abnehmen (siehe 5 b).
拆下摆臂。

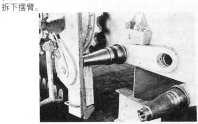

Neuen Schwingarm so auf die Drehstabfeder schieben, daß der Schwing-
arm am Anschlagbock anliegt. Nötigenfalls den Schwingarm mit Winde
anheben.
Beim Einschieben des neuen Schwingarmes gleichzeitig den Stoß-
dämpferhebel so auf die Verzahnung schieben, daß der Stoßdämpfer
bei eingestecktem Stoßdämpferbolzen etwa 25 mm ausgezogen ist.
插入扭力杆的新摆臂。必要时，可用千斤顶装置抬起相邻的摆臂。

用K7644/23来按压。
让覆盖在摆臂之下的
扭力杆露出在外。
Schwingarm, der die auszu-
bauende Drehstabfeder ver-
deckt, mit Winde K 7644/23
nach unten drücken.

Auf Haltenußseite Abschlußdeckel, Seegerring und Ausgleichscheibe
entfernen. 闭锁罩的固定用固定圈和半圆形调整工具来拉下。
Schwingarm, an dem die Drehstabfeder auszubauen ist, entlasten.
露出被扭力杆覆盖住的摆臂。

Halter für Drehstabfeder-
einbau K 7644/24 ansetzen.
安装上扭力杆安装工具载具K7644/24。

noch 6 b Drehstabfeder aus- und einbauen

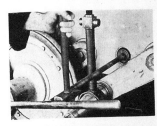

Drehstabfeder herausziehen. 抽出扭力杆。
Schwingarm, an dem die Drehstabfeder ausgewechselt wird, in die vor-
geschriebene Neigung bringen (5 b, c).
在既定倾斜下的摆臂位置上进行更换。

Neue Drehstabfeder einführen und solange drehen, bis die Verzahnung
im Schwingarm und in der Haltenuß ohne Druckanwendung eingeführt
werden kann.
Haltescheibe mit Sicherung auf der Schwingarmseite einschrauben, fest-
ziehen und sichern.
插入扭力杆，取下摆臂的压具。
按住摆臂，稳固地拧紧螺丝。

■主动轮的更换说明

Triebrad an Flaschenzug
hängen.
更换主动轮用的滑车支撑架。

Abdrückschraube einschrauben.

Triebrad abdrücken.

Federspannstifte, wenn nötig, erneuern. Beim Einbau an Stelle von
3 Federspannstiften 3 volle Mitnehmerstifte einbauen.

Triebrad in umgekehrter Reihenfolge anbauen.

用扳手固定螺栓，安装主动轮。

■主动轮轮轴的 更换说明

4 d Triebradnabe aus- und einbauen

4 d Triebradnabe aus- und einbauen

Sonderwerkzeug: 特殊工具:
Abziehvorrichtung K 7644/11.
拆卸工具 K7644/11

Triebrad abbauen (4 c).
分解主动轮。

Sicherungsbleche der Deckelhalteschrauben aufbiegen.

8 Schrauben mit Schlüssel SW 24 ausschrauben.

拆下盖子固定螺栓的锁定板。

用扳手SW24拆下8根螺栓。

Anhang 补充内容

Sonderwerkzeug für Motor und Triebwerk 引擎和驱动
Auszug aus HDv 428/1, Blatt 106 und 180. 装置用特殊工具

Benennung	zu verwenden für Baugruppe	Stück	Anforderungs- und Zeichnungs-Nr. ( )
Abziehvorrichtung für Außenflansch mit	Laufwerk	2	K 7644/30 (021 E 2798 U 10)
2 Sechskantschrauben M 18×55 DIN 933			K 7644/31
Auf und Abziehvorrichtung für Innen- und Außenlaufräder und Leitrad dazu	Laufwerk	2	K 7644/32 (021 C 2798 U 5)
1 Bolzen mit Außen- und Innengewinde			K 7644/33 (021 D 2798—112)
1 Gewindezapfen M 27×1,5			K 7644/34 (021 E 2798—114)
1 Gewindezapfen M 27×3			K 7644/34 (021 E 2798—113)
1 Gewindezapfen M 39×1,5			K 7644/36 (021 E 2798—115)
6 Sechskantschrauben M18×110 DIN 931			K 7644/37
6 Sechskantschrauben M 18×35 DIN 931			K 7644/38
1 Hülse			K 7644/39 (021 E 2798—45)
3 Abstandsrohre			K 7644/40 (021 E 2798—44)
3 Sechskantschrauben M 14×90 DIN 931			K 7644/41
Abziehvorrichtung für Stoßdämpferbolzen	Laufwerk	1	K 7644/42 (021 E 2798 U 39)
Kettenschließer	Gleiskette	1	K 7644/43 (021 E 3939 U 9)
Vortreiber für Kettenbolzen	Gleiskette	2	K 7644/44 (021 E 2799—8)
Ringtreiber für Gleiskette	Gleiskette	2	K 7644/45 (021 E 2799—7)

Haltevorrichtung für Pendelrollenlager
自动调心轴承维持固定装置

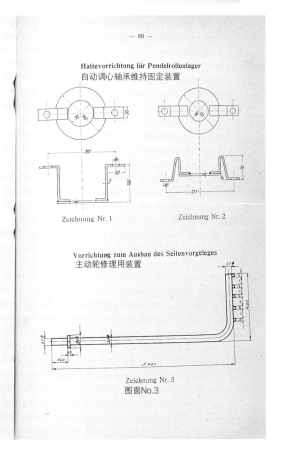

Zeichnung Nr. 1

Zeichnung Nr. 2

Vorrichtung zum Ausbau des Seitenvorgeleges
主动轮修理用装置

Zeichnung Nr. 3
图面No.3

DETAIL FILES

细节档案

伯明顿坦克博物馆 初期型　Bovington Tank Museum (England)) TIGER I Early production

库宾卡坦克博物馆 中期型　Kubinka Tank Museum(Russia) TIGER I Mid production

现存的虎式 I 坦克中能够确认的车型分别如下。长时间在阿伯丁展出后收藏于德国博物馆的极初期型（第501重坦克营所属车辆）、在伯明顿博物馆中展示的初期型（北非所俘获的第504重坦克营所属车辆），以及在库宾卡博物馆展出的中期型（指挥坦克）1辆。后期型在法国索米尔博物馆与诺曼底地区的维穆捷有进行野外展出的两辆，一共只留

于诺曼底 后期型　Vimoutiers (France) TIGER I Late production

下了6辆。这次我们刊登了其中来自伯明顿、库宾卡、维穆捷、列宁诺的坦克细节照片。

于列宁诺 最后期型　Lenino-Snegiri (Russia) TIGER I Latest production

摄影：TANK BOY、大久保大治、滨畑彻、仁科谅

车体 Hull

牵引眼板
Towing lugs

初期型车身前侧与牵引眼板
（车体下方侧面板前端部分）
Early production towing lug

左：中期型车身前侧与牵引眼板（库宾卡车型的车体尽管是中期型但仍属于早期生产车辆）
Left:Mid production towing lug

上：后期型车身前侧与牵引眼板。自1944年1月起（中期型结束生产时）被采用，为了拓展U形钩环的活动范围，将上半部分挖去一块，下方的千斤顶设置了防滑用的凸起形状。
Above:Late production towing lug

最后期型的车身前侧与牵引眼板
Latest production towing lug

前挡泥板　Front Mudguard

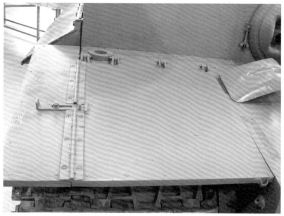

初期型的前挡泥板（为1942年11月生产车型的形状，直到生产结束都未变。）
Early production front mudguard

初期型的前挡泥板反面
Early production front mudguard reverse side

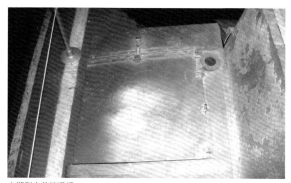

中期型右前挡泥板
Mid production front mudguard right side

中期型左前挡泥板
Mid production front mudguard left side

主动轮替换用吊臂插孔　Replacement drive sprocket to insert jig

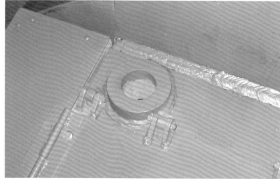

左：初期型右前方焊接有主动轮替换用吊臂插入管。（从初期型至后期型都有配备。）
Left:Early production front right side, welded pipe is a replacement drive sprocket to insert jig
左下：这是从上方观察最后期型左侧管状插孔的状态。
Left below：Last production front left side, welded pipe is a replacement drive sprocket to insert jig

挡泥板固定具基座
Mudguard stopper base

位于中期型左前方挡泥板的顶端，这是防止弹起的固定具基座。
Mid production front mudguard left side, mudguard stopper base

驾驶员用装甲观察窗　Driver's visor

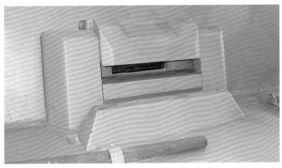

初期型的驾驶员用装甲观察窗（焊接有潜望镜专用的孔洞）。上方的模块凹陷部分被认为是用来确保使用潜望镜时视野的构造，但在潜望镜停用之后仍然没有变更设计。
Early production driver's visor

中期型的驾驶员用装甲观察窗（潜望镜的孔洞从最初就从未打开）
Mid production driver's visor

左、上：最后期型驾驶员用装甲观察窗。可以看出这个跳弹模块并不是焊接固定在此的。
Left,Above:Late production driver's visor

航向机枪架 Armored MG jacket(Kugelblende100)

初期型的航向机枪架。两侧有防水外罩固定具。
Early production Armored MG jacket(Kugelblende100).
Bolt and Nut used to attach the cover for deep wading

中期型的航向机枪架。防水外罩固定具已经被废除。
Mid production Armored MG jacket（Kugelblende100）

最后期型的航向机枪架。可以看到铸造产生的毛边。
Latest production Armored MG jacket(Kugelblende100)

这是在前文中出现的最后期型的航向机枪装甲。虽然防水外罩固定具已经被废除，但是还留有安装用的沟槽。
Latest production Armored MG jacket(Kugelblende100)

车体上侧前方　Front hull top

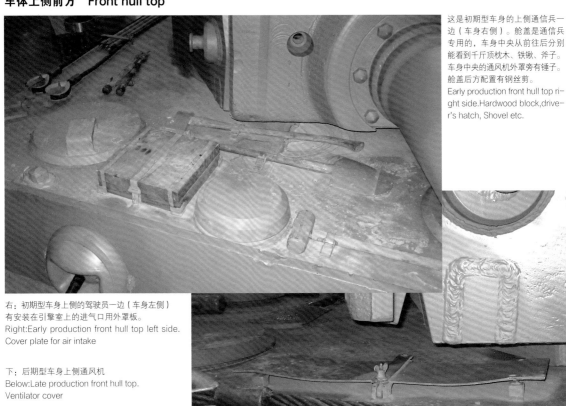

这是初期型车身的上侧通信兵一边（车身右侧）。舱盖是通信兵专用的，车身中央从前往后分别能看到千斤顶枕木、铁锹、斧子。车身中央的通风机外罩旁有锤子。舱盖后方配置有钢丝剪。
Early production front hull top right side.Hardwood block,driver's hatch, Shovel etc.

右：初期型车身上侧的驾驶员一边（车身左侧）有安装在引擎室上的进气口用外罩板。
Right:Early production front hull top left side.
Cover plate for air intake

下：后期型车身上侧通风机
Below:Late production front hull top.
Ventilator cover

上：中期型车身上侧通风机
Above:Mid productin front hull top.Ventilator cover

下：中期型车身前方上侧。可以看到铲子固定具的焊接痕迹。
Below:Front nose top plate, Mid production

上：初期型车身前方上侧。留有大型铲子。
Above:Front nose top plate, Early production

驾驶员舱盖　Driver's hatch

初期型驾驶员舱盖
Early production driver's hatch

通信兵舱盖　Radio-operator's hatch

中期型通信兵舱盖
Mid production radio-operator's hatch

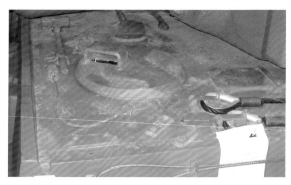

初期型驾驶员舱盖周围
Early production driver's hatch around

初期型S雷发射器安装部位
Early production, S mine discharger base

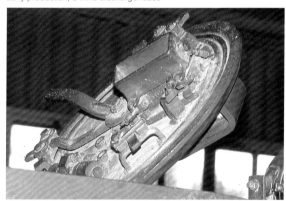

中期型驾驶员舱盖
Mid production driver's hatch

中期型通信兵舱盖周围
Mid production radio-operator's hatch around

车头灯基座　Bosch headlight base

后期生产型的车头灯基座
Late production, Bosch headlight base

前侧叶子板　Front fender

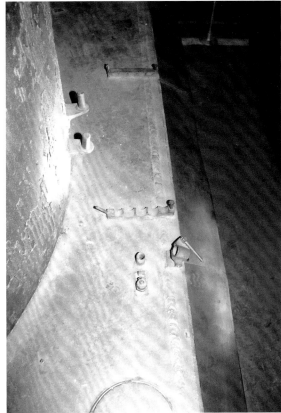

左上：中期型车身左侧上方。可以从后方观察到炮膛清洁杆固定具。
Left above : Mid production left side hull top
上：车身右侧上方。近处（车身后方）可以看到用途不明的装备。也可以认为是安装大型天线的位置。
Above : Mid production command version right side top

后期型（车身右侧）的牵引绳钩圈固定具
Late production tow cable bracket

无线电天线安装处　Antenna mount

初期型天线基座
Early production antenna mount

最后期型天线基座痕迹
Latest production antenna mount

这是位于车身左侧的中期型指挥坦克用FuG7无线电天线基座。要注意通常型并不在这个位置。
Mid production command version FuG7 antenna mount

位于车身右侧的中期型指挥坦克用FuG8无线机天线基座（盖上了圆形外罩）。
Mid production command version FuG8 antenna mount base

这是在中期型指挥坦克侧面，用来安插某种装备的管子。可以认为是与上方的管形收纳桶成对使用的。
Mid production command version right side

引擎室　Engine deck

左方的照片中是以初期型车身为基础，改造为突击虎式车型的引擎室。可以看见位于排气管外罩内部排气管上侧的盖子。
Early production（STURMTIGER)engine deck.Exhaust stack has the flapper valve

引擎室 Engine deck

中期型的引擎室
Mid production right side engine deck

中期型引擎室右侧的燃料注入口。由于盖子已经遗失，看上去只是一个注入孔而已。
Mid production engine deck. Fuel filler cap missing.

上：中期型引擎上侧舱盖后方。这是圆形的潜渡用进气管安装基座外罩。
Above:Mid production engine hatch,domed hinged cover for the snorkel wading intake remains

下：后期型引擎上侧舱盖。圆形空气过滤外罩上的握把被废除了。
Below : Late production engine deck

突击虎的引擎室（初期型）。还留有滤清器连接引擎室的二分管。二分管之间的空气过滤外罩已经变成了没有棱线的圆润形状。
Early production (STURMTIGER) engine deck

空气滤清器　Air cleaner

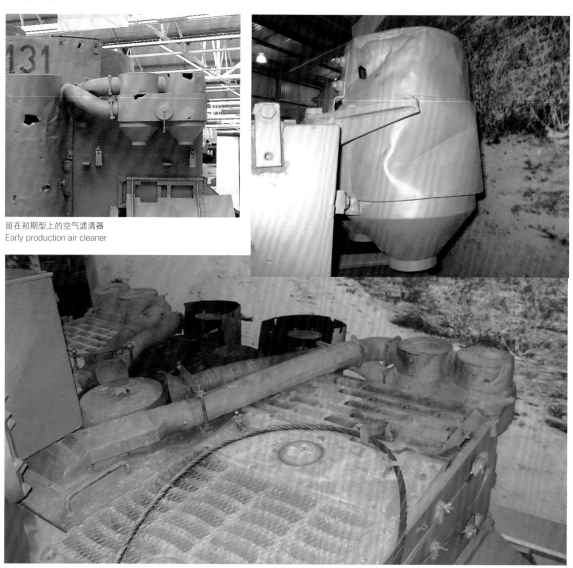

留在初期型上的空气滤清器
Early production air cleaner

空气滤清器的软管。可以看出它已经沾染了
引擎尾气中的"积碳"。
Early production air cleaner hoses

空气滤清器下方
Early production air cleaner bottom side

空气滤清器　Air cleaner

位于初期型车身左侧的空气滤清器。它下面的箱子是替换履带时用的工具箱。
Early production air cleaner

空气滤清器软管的顶端部分
Early production air cleaner hoses

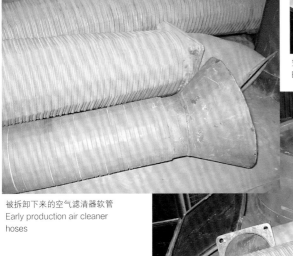

被拆卸下来的空气滤清器软管
Early production air cleaner hoses

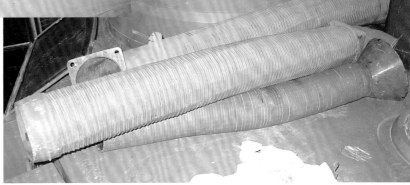

后侧挡泥板　Rear mudguard

初期型的后侧挡泥板
Early production rear mudguard

车身后面板　Rear hull

初期型的车身后面板全景。引擎维修舱盖处于打开状态。
Early production rear hull

左：初期型的后方右侧。排气管下面装备有引擎发动机用曲柄（收纳在上方的启动机轴握柄本来并未配备）。空气滤清器下方的曲柄是15吨千斤顶专用的。
Early production rear hull right side

左：初期型的排气管隔热外罩是用薄板加工为曲面的配件。上下并未附加强筋。
Left:Early production exhaust heatshield

右：初期车型的车身后侧左下方。在后眼板旁边的是履带松紧调节装置的装甲外罩。
Right:Cover for left track tension adjuster

车身后侧　Rear hull

左：还留有唯一原版标准型排气管隔热外罩的突击虎车身后侧。上下用作补强的加强筋是冲压而成的，可以看出并非是单纯弯曲加工而成。后挡泥板似乎并不是原版配件。
Left:STURMTIGER rear hull left side,The original exhaust heatshield

右：这也是突击虎车身后方右侧的照片。可以看得出还残留有空气滤清器安装基座与15吨千斤顶曲柄（组装金属件）等的一部分。
Right:STURMTIGER rear hull right side,The original exhaust heatshield

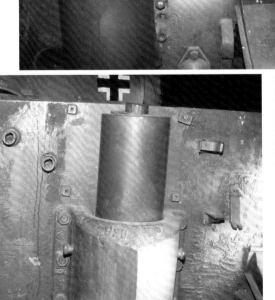

左：中期型车身后侧。排气管隔热外罩已经遗失，可以看出排气管与其装甲护罩的状态。此外，中央上方的两根管状凸起是用来安装引擎启动用适配器的。要注意它并非垂直而是有一定斜度的。
Left:Mid production rear hull, Armour guard for exhaust

车身后侧　Rear Hull

右：中期型车身后方左侧。这辆车型是指挥车型，从基座（箭头）可以看出它配备有延长天线收纳箱。不过，它还配备有安装空气滤清器的基座，注意二者位于互不干涉的位置。后挡泥板是可动式的，不过并非原版配件。
Right:Mid production rear hull,the base installation is equipped with an antenna Extension for pipe storage case for command type

左：中期型车身后方右侧。配有空气滤清器与15吨千斤顶的基座。
Left:Mid production rear hull, the mounting base air cleaner and 15t jack

下：中期型车身后方右侧。请注意眼板的形状。
Below:Mid production rear hull

上：中期型车身后方右下侧。还留有引擎启动用曲柄的金属固定具。
Above:Mid production rear hull

车身后侧　Rear hull plate

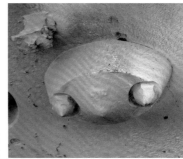

左：后期型车体后部。
1944年2月起采用的引擎
制冷液加温装置用罩子。
Left:Late production rear
hull,Cover for engine coo-
lant heating system was a-
dopted in February 1944

上：后期生产型的车身后侧。
排气管等装备已经全部遗失。
Above:Late production rear
hull

右：后期生产型车身后方左侧。
这是1944年2月开始变更形状的
眼板❶。还留有C形钩金属固定
具❷。
Above:Late production rear
hull, ❶ new type rear towing
lug ❷ Mounting hardware for
hook

车身中央下侧的牵引孔
At the bottom center of the vehicle tow eye

最后期型车身后侧。由于长期放置在野外，只留下
了左侧排气管消音器和两个消音器的装甲外罩。
可以看出还残留有一部分防磁涂层。
Latest production rear hull

车身后侧　Rear hull

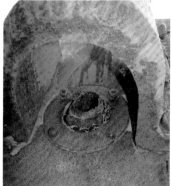

注意最后期型车身后侧的
铸造排气管消音器外罩的
形状并没有尖锐的部分。
Last production rear hull,
Armour guard for exhaust

上：最后期型车身后侧。还留有1个引擎启动用适配器安装用管状基座。
Above:Latest production rear hull, The one remaining engine starting pipe
mounting adapter

上：最后期型车身后侧。眼板下方增加了一个凸起物，变更为能够有效支撑
千斤顶的形状。
Above:Latest production rear hull, new type rear towing lug

上：最后期型车身后侧。还留有安装车尾灯的基座。
Above:Last production rear hull, base of tail light

车身侧面　Side hull

上：初期型车身右侧面。有裙板与引擎室防水布外罩的金属固定具。引擎室侧面上方安装有天线箱。
Above:Early production right side hull

上：中期型车身右侧面前方。裙板前方的补强板上安装有小管（可能并非单纯安装上去的）。
Above:Mid production, side mudguard

左：中期型车身右侧面后方。后方上面还留有安装 S 地雷的基座。
Left:Mid production, S-main base plate

左：后期型车身右侧面后方。挡泥板已经全部遗失，只剩下了安装基座。
Left:Late production, side mudguard missing

车身侧面　Side hull

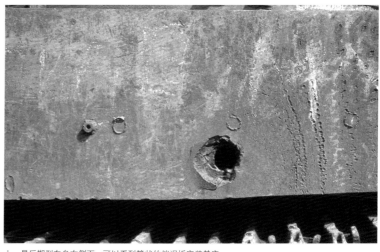

上：最后期型车身右侧面。可以看到管状的挡泥板安装基座。
左：由于没有了裙板，可以看到后方装甲板组合结构。
Above:Latest production, side mudguard base.

上：初期生产车型的车身左侧面。装备用履带更换
用的钢缆。安装方式一直到中期型的初期阶段都是
相同的。
Above:Early production, cable for changing tracks

上、右：突击虎的车身左侧面特写。与初期型一样，装备有履
带更换用钢缆所需的金属固定具。
Above,Right:STURMTIGER, cable for changing tracks

车身侧面　Side hull

上、右：中期型车身左侧面特写。这辆车与初期型一样，装备有履带更换用钢缆所需的金属固定具。
Above,Right : Mid production, cable for changing tracks

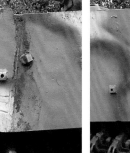

上、左：后期型车身左侧面。履带更换用钢缆的安装方式从中期发展的过程中有所变化，金属具的位置等都有变更。
Above,Left : Late production, cable for changing tracks

上、左：最后期型车身左侧面。装备有履带更换用钢缆所需的金属固定具。裙板的金属固定具是圆形的。
Above,Left : Latest production, cable for changing tracks

炮塔 Turret

防盾 Mantlet

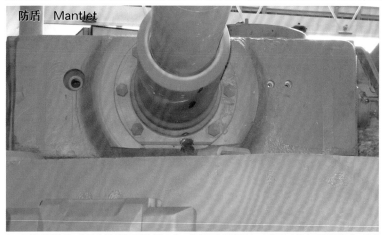

上：初期型的防盾上侧。可以看到仰角控制用凸起卡扣。
Above:Early production, top of the gun mantlet

上：初期型的防盾。这是在1942年12月以前生产，拥有两个瞄准器孔，周围没有隆起形状的类型。瞄准器为TZF9b的双目，一直使用到1944年3月。
Above:Early production, top of the gun mantlet

左：中期型的防盾。这个中期型的防盾也配备有两个瞄准器孔，是周围没有隆起形状的1942年12月前生产的。可是与上方的照片相比，可以发现两边装甲的隆起形状在内侧的细节方面有些差异。这辆车是在1943年8月左右生产的中期型，尽管与时期上产生了一些偏差，但是作为指挥坦克在主炮右侧还有一个同轴机枪专用的孔洞，可以认为它曾经替换过一个防盾。
Left:Mid production, gun mantlet

后期型的防盾右侧
Late production, Right of the gun mantlet

后期的防盾左侧。变更为单眼式瞄准器TZF9c之后，孔洞也变成了1个（1944年4月开始）。
Late production, top of the gun mantlet

最后期型的防盾右侧
Latest production, Right of the gun mantlet

最后期型的防盾左侧
Latest production, gun mantlet left side

炮管　Gun

初期型的炮身隔热套筒。可以看到左右上方与下方各留有两个螺丝。下方还有中弹痕迹。
Early production, screw in gun sleeve

上：初期型的炮口制退器。
Above:Early production, muzzle brake

上：中期型的炮口制退器。重量为60kg。
Above:Mid production, muzzle brake

后期型的炮身。后期生产车型中途采用了缩小的（重量为35kg）炮口制退器。
Late production, 88cm KwK36 L/56 gun and muzzle brake

烟雾弹发射器　Smoke discharger

上：可以在初期型炮塔右侧面与上侧看到。侧面装备的是三连装烟雾弹发射器，一直到1943年5月前生产的车型都有装备。
Above:Early production, right side and top of the turret,

上：三连装烟雾弹发射器（右侧）。
Above:Early production, right sidesmoke discharger

上：初期型的炮塔左侧所安装的三连装烟雾弹发射器。
Above:Early production, left side smoke discharger

上：可以看清烟雾弹发射器线缆的导入位置。
Above:Early production, left side smoke discharger

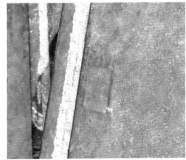 

上：最后期型炮塔左上侧的神秘凹陷。右边是另一侧，即炮塔右上侧的凹陷。
Above:Latest production, left side top of turret
Right: Right side top of turret

上：最后期生产车型的炮塔右侧面。炮塔顶板增厚为40mm，注意出现了落差。此外箭头也标示出了左图中凹陷的位置。从这个位置来判断，与初期生产车型的烟雾弹发射器位置很接近。
Above:latest production, right side turret

炮塔侧面　Turret side

上：初期生产车型在前方左侧焊接了两片矩形装甲板。

Above:Early production turret front

左边3件分别为初期、中期、最后期型的对比图。值得注意的是，炮塔前方下侧的线条有所不同。可以看出中期的边缘部分被加工得更偏斜。据说普通的中期生产车型在这个部分和后期生产车型是相同形状的，难道这台中期生产车型是偏早期的独特形状吗？

Left above : Early production turret side
Left mid : Mid production turret side
Left below : Latest production turret side

最后期型的炮塔防护环与备用履带用支架下侧
Above : Latest production turret right side s-pear track links mounting bracket

中期型备用履带用支架上侧。印有生产商的字母缩写和铸造管理编号。
Above : Mid production turret , spear track links mounting bracket

最后期型的备用履带用支架上侧反面
Above : Latest production turret , spear track links mounting bracket

指挥塔　Commander's cupola

左上：初期型的指挥塔。上：指挥塔的舱盖。
Above left :Early type cupola ,Above:Early type cupola's hatch

上：指挥塔的内部前侧。可以看到直接瞄准用的带缝隙板。
Above : Early type cupola ,interior

右：后期生产车型的新型
指挥塔。舱盖已经遗失。
是附带3条排水用沟槽的
后期造型。
Right:Late production, n-
ew type cupola, hatch
missing

上：1943年7月生产车型（中期）开始采用的新型指挥塔。舱盖本体与支撑
臂已经被拆卸掉。
Above :Mid production, new type cupola

上：最后期型的指挥塔。舱盖本体与支撑臂、舱盖固定器的板已经遗失。左边是炮塔内部的舱盖开闭
装置。
Above :Latest production, new type cupola, hatch missing

装填手舱盖　Loader's hatch

上、右：初期型的装填手舱盖。
Above , right:Early type Loader's hatch

上：中期生产车型的装填手舱盖。是在中央追加锁孔的焊接式。
Above : Mid type Loader's hatch

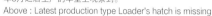

上：最后期生产车型的装填手舱盖附近。舱盖本身已经遗失。舱盖周围没有边缘线条，铰链直接安装在顶板上。舱盖前方装备有吊环插孔。能够在1944年6月之后生产的车型上观察到。
Above : Latest production type Loader's hatch is missing

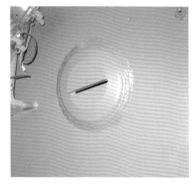

初期型的炮手观察槽
Early type Gunner's sight

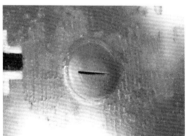

中期型的炮手观察槽
Mid production Gunner's sight

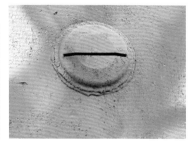

后期型的炮手观察槽。是最宽的一种。
Late production Gunner's sight

MP口　MP port

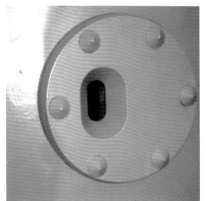

左：初期型炮塔左后方的MP（冲锋枪）口
Left : Early production MP port

右：中期型炮塔左后方的MP口。被变更为简略的装甲栓式。从1944年1月生产的车型开始废弃了MP口。
Right : Mid production MP port

炮塔通风器　Extractor fan

初期型的通风器。安装有防水外罩。
Early production, extractor fan cover

中期型的通风器。可以在指挥塔和装填手舱盖之间移动。
Mid production, extractor fan cover

后期型的通风器
Late production, extractor fan cover

最后期型通风器
Latest production, extractor fan cover

指挥坦克型炮塔上侧天线基座
Command type anntena base

上：指挥坦克（中期型）的天线基座痕迹。可能是FuG5无线机专用。
Command type : Anntena base for FuG5

右上：后期型在初期型通风器的位置安装了近战防御武器。
Right above : Late production,Close defense weapon
右：最后期型的近战防御武器。上方零件为遗失状态。
Right : Latest production,Close defense weapon

近战防御武器
Close defense weapon

紧急逃生舱盖　Escape Hatch

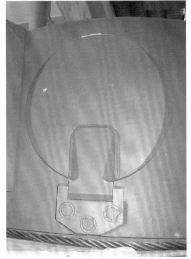

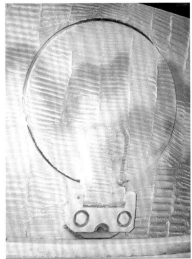

初期生产车型的逃生舱盖。最初期的这里为MP口。
Early production, Escape Hatch

后期生产车型。两侧的棱线并未削除。为了避免干涉到炮塔防护环，将铰链下方切除。
Late production, Escape Hatch

最后生产车型。铰链下方并非后期加工而成的，而是从一开始就设计为不会干涉到防护环。
Latest production, Escape Hatch

初期型的逃生舱盖打开状态
Early production, Escape Hatch open

装填手潜望镜护罩
Loader's periscope guard

上：中期型
右：后期型。注意护罩后方有焊接痕迹和吊车插孔。
Above:
Mid production
Right:
Late production

炮塔吊升用具
Turret lifting lug

最后期型炮塔后侧吊升用具
Latest production、turret lifting lug

最后期型　Latest production

Gepäckkasten（炮塔储物箱） Crew's equipment stowage box

装备于初期型炮塔后侧的储物箱（Gepäckkasten）
Early production,equipment stowage box

安装在初期型储物箱上的挂锁
Early production,equipment stowage box's Padlock

装备于中期型炮塔后侧的储物箱（G-epäckkasten）。不过安装在炮塔上的支架孔洞与储物箱孔洞的位置有所不同，似乎并不是这辆车固有的配置。
Mid production,equipment stowage box

储物箱的金属固定具
Mid production,equipment stowage box's clamp

轮带周围 Running gear

主动轮 Drive sprocket

初期型的主动轮
Early production,Drive sprocket

中期型。注意辐条与加强筋形状有变化（1943年3月起）。
Mid production,Drive sprocket

后期型的主动轮
Late production,Drive sprocket

最后期型的主动轮
Latest production,Drive sprocket

诱导轮 Idler wheel

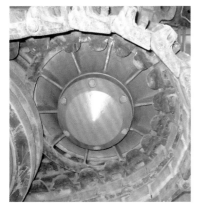

初期型的诱导轮
Early production,idler wheel

后期型的小直径诱导轮
Late production,idler wheel

最后期型的履带插销保险装置
Latest production,track pin bumper

负重轮 Wheels

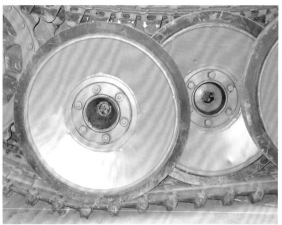

初期型的负重轮。外侧套有橡胶圈。
Early production, wheel

中期型第1负重轮最外侧已经被拆卸。
Mid production, wheel

后期型钢制负重轮。中央混用了两种扇形盘片。
Early production, steel rimmed wheel

最后期型钢制负重轮。也一样在中央扇形盘片上均匀配置了螺母。
Latest production, steel rimmed wheel

履带 Tracks

铁路运输时用的
Kgs63/520/130
履带

初期型的Kgs63/725/130履带
Early production, Tracks

最后期型的Kgs63/725/130履带。触地面追加了凸起的防滑纹理。
是在中期型过程中采用的。
Latest production, Tracks

车身内部　Interior

驾驶室　Driver's position

初期型的驾驶员用方向盘
Early production, Steering wheel

初期型的观察窗框架上方镶嵌潜望镜孔洞的痕迹
Early production, welded-in holes for KFF-2 scope

上：仪表盘位于传动装置之上。左侧的大表盘是转速计。右侧的两个表盘，上面是速度计和行驶距离计，下面是油压计。可以在右上方看见安装在顶板上的两片备用观察窗用防弹玻璃。
Above : Early production, instrument panel

传动装置侧面　Early production, transmission

通信兵席
Radio operator's position

上：通信兵席。在Kugelblende 100基座上安装的是航向机枪。机枪用瞄准器被拆卸下来了。
Above : Early production, radio operator's position.
"Kugelblende100" in the front plate

炮塔内部　Turret interior

左：炮塔内部左侧的炮手席前方。留有双眼式的瞄准器TZF9b。
上：炮手席侧面的外部观察用沟槽防弹玻璃。
下：装填手席的前方。可以观察到88mm KwK36炮的炮尾部位和同轴机枪的安装部位。
Left : Early production, Gunner's position. Binopcular TZF.9b sight
Above : Gunner's side vision port
Below : Loader's position, gun breech and coaxial MG mount

能够看到KwK36锁定器与顶板上的主炮行军锁扣（写着1的矩形）。
Gun breech and main gun travel lock

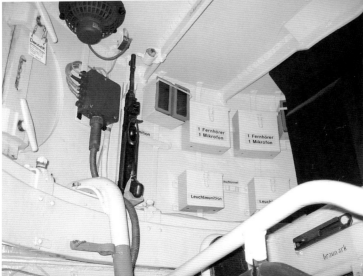

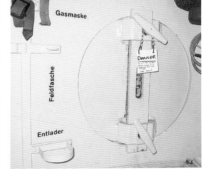

上：逃生舱盖。
Above : Large round loader's side hatch
左：装填手一侧的炮塔后方。舱盖旁边的箱子是熔断器盒，能够确认到MP40冲锋枪、指挥塔用观察口用备用防弹玻璃。
Left : Loader's rear. Fuse box, MP40,two spare vision block glass

排烟用通风器
Roof mounted turret ventilator fan cage guard

炮塔左侧面，炮手一侧。
Turret left side, gunner's position

炮塔平台　Turret platform

最后期型车身侧面的88mm炮弹支架
88mm round stowed in the hull

车内的减震器　Shock absorber

引擎　Engine

本来配备的应该是迈巴赫产的HL210P45引擎，但为了修复到可行驶状态，博物馆将引擎替换为了HL230P45。外观上的差异主要是上方空气滤清器的数量与大小不同，HL210有3个小型空气滤清器。
The Maybach HL 230 P45 engine

引擎舱盖的进气口装甲护罩内侧的状态
Armored intake cover interior

引擎舱盖内侧的状态。可以看到大小两个锁。
Engine hatch cover interior

Pz.Kpfw.VI TIGER I MODELING GUIDE

第二次世界大战时，德军的虎式I型重型坦克的前身——VK3001及其进化后的VK3601是一种作为突破阵地用的重型坦克而逐步开发的重型坦克。

但是，在1941年6月开始的苏联进攻作战"巴巴罗萨行动"中，坦克开发的方向性却发生了极大的变化。苏军投入了数量并不太多的T-34中型坦克，以及KV-1、KV-2重型坦克，从正面全部可抵御德军主力的III号、IV号坦克的主炮射击，相反这些坦克搭载的76mm火炮则彻底击破了德国坦克，让先前一直自认为已军坦克极为优秀的德军官兵和坦克研制开发人员大为震惊。

在遭遇了这些苏军坦克之后，原本逐步缓慢开发中的新型重型坦克彻底摆脱了阵地突破的思维局限，重视起了更胜于敌军坦克的压倒性的攻击力、防御力的新型坦克，突然间加紧了开发研制的速度。就这样，作为第二次世界大战中最为著名的代表性坦克，虎式I型重型坦克也就应运而生了。

本书当中，我们将以1：35比例和1：72比例的套件来为您着重介绍这款虎式I型重型坦克。同时，还将为您展现用树脂套件制成的内部装饰。

CYBER HOBBY 1:35 Pz.Kpfw.VI TIGER I INITIAL PRODUCTION
s.Pz.Abt.502 LENINGRAD REGION 1942/43

INITIAL PRODUCTION

s.Pz.Abt.502 LENINGRAD REGION 1942/43

Cyber Hobby 1：35(6660)
虎式I型极初期型
第502重型坦克营
列宁格勒 1942/1943
制作・文：桂 宏树

Modeled and described by
KATSURA HIROKI

■关于虎式I型极初期型

正如其名，极初期型是在最早的阶段中造制作的车型。其后，尽管虎式I型的基本款型也大致确定，但有时却会存在缺少侧面裙甲、使用Ⅲ号坦克储物箱（Gepäckkasten）或者牵引缆绳的固定位置有所不同等现象，总而言之，与其后的中期、后期型相比，存在大量的不同点。

因为希特勒的焦躁，极初期型很早便被投入到了实战当中，而在投入实战时，开发过程中发现的问题也还没有完全解决。因此，这也是一款让驾乘人员最为头痛的虎式。然而，坦克驾乘人员和维修人员一同在苏联的战斗中坚持奋战，其后，初期型、中期型也逐步取代了极初期型。

■关于套件

尽管DRAGON的极初期型套件上写的是"Smart Kit"，但其内容极其丰富。因为光是此套件的内容就能制作出陆军第502重型坦克营所属的3辆极初期型的3 in 1套件，所以如果能够确保时间充足，制作出3辆来并排放置玩赏，这也将是一款极为有趣的套件。

履带方面，因为采用了DS素材的带式，所以在组装时并不需要花多少力气。主炮虽然是塑胶部件，但却能感受到充足的质量感。同时还附带了金属网格部件和车灯线缆等。不管怎么说，DRAGON的虎式系列都是我最喜欢的，而其原因就在于套件中铁铲的卡具从一开始就加工同封好了。（笑）

■极初期型的组装

近来的DRAGON套件基本上都是一些精细度极其优良的套件，所以只要在组装时能仔细认真阅读说明书，那么就能完成虎式I型极初期型的制作了。

但是在制作时也有许多需要注意的地方，所以接下来，我将在分别制作3种不同款型时，对这些令自己感到颇为在意的地方为各位进行解说。以下内容将配合说明书的编号来展开解说。

（1）工程1的主动轮的轮轴方面，在3号车和100号、123号车中，因为存在若干位置上的差异，所以粘贴时注意不要贴错。

（2）同样，对工程1的负重轮展开制作时，虽然指示说明要在制作123号车时将螺栓切削掉，但实际上，在动手切削掉之后再安装到车体上的话就会变得几乎看不到，所以说，此处或许采用只对最靠前的负重轮进行切削的方式比较好。

（3）同样，工程1的F19、S8（安装于车体底部的部件）如果保持原样的话，就会凸

制作范例中选择使用的是装备有2个储物箱（Gepäckkasten）的100号车和装备有Ⅲ号坦克部件的2种，能够制作出3辆模型的套件。DS素材履带方面，附带了包含对称形状部件的3根。价格为4935日元。

出在外无法粘接，所以安装时需要动手把部件内侧的凸出部位切削掉。

（4）工程4中，虽然要拆下3号车、100号车最靠前的一只负重轮，相应安装上轮轴，但需要安装的金属部件的安装角度却不甚明了。

尽管也使用了手头的各种图片和在各国的网站上进行调查，但最终还是未能搞清楚其状况。

（5）工程5的引擎排气管的工作方面，虽然各车之间也有不同之处，但从图片和照片来看，安装于上部的部件似乎是可以自由拆卸的，所以感觉并不需要特别

左侧为3号车用，右侧为123号车、100号车用。轮轴的安装状况稍稍存在微妙的差别。

尽管唯有123号车中有对E2、E3负重轮螺栓的切削指示，但除了第1负重轮以外，其他的负重轮在动手进行过组装之后就会变得基本无法看到。

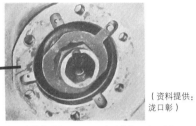

（资料提供：泷口彰）

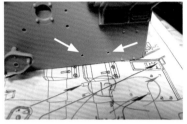

虽然3号车、100号车上有金属部件的安装指示，但具体到底怎样安装却不甚明了。

上图为维修手册D656/30a中登载的照片，该部件似乎是一种固定轮轴盖时用的固定装置。（编辑部）

有些部位在实际动手时需要开孔，但在说明书上却并没有明确的指示。因为有些地方需要事先动手开启孔洞，所以务必要留心。

车体和车体后面的部件上，粘接时需要用遮盖胶带来稳固固定，以免出现缝隙。

引擎格板的网格部件方面，因为很容易出现变形，所以为了让素材展现出其特有的材质感，需要用牙签让部件形成高低起伏的状况。

为了避免将希望动手制作的部件搞错，请务必在动手前通读一遍说明书，在需要使用的部件上用马克笔等来进行标记。

留意。只不过，按照说明书中所示，仔细从后侧正面来观察S9的话，就会发现是从内侧向外侧开启的。（之所以这么说，是因为实车的极初期100号车虽然是从内侧向外侧开启的，但阿伯丁博物馆中的非洲战场的极初期型是从外侧向内侧开启的，也就是说，是完全相反的。）

（6）工程6的车体侧面装甲板的安装方面，为了配合安装，孔洞稍有偏斜，所以在G2、G3中都需要将最靠后的插栓切削掉，然后一边配合靠近面前的插栓，一边动手进行粘接。我用此与车后的插栓进行配合，对近前的插栓进行切削粘接、干燥，结果前面装甲板却在实质上形成了无法安装的状态，变成了一辆废车。众位玩家，临时组装真心很重要啊。（泪）

（7）工程10的车外装备品的卡具方面，替换成Avail制的蚀刻部件。

（8）工程12中的缆绳Z方面，要用煤

气炉烧一下，之后再浸到水里，用锉刀把毛刺去除掉。如此一来，弯曲工作也就会变得轻松一些了。

（9）工程19的Smoke Discharger（烟雾弹发射器）全都设定为空膛状态，追

加了线缆。

（10）战斗室前面装甲板的安装方面，首先用钳子等工具将车体前面上部装甲

车体前面部件的安装方法。首先把位于车体侧面部件的挂靠部分切削掉。照片中为切削掉之后的状态。

接下来，动手安装战斗室前面上部装甲板。此处虽然与说明书的指示有所不同，但如果遇到难以组装的地方可以动手进行临时组装，尝试采取相应的办法。

潜望镜的涂装方面，首先作为光学镜头的展现，先涂装镀铬银，然后再动手涂装外装的黑色。

炮塔上面的Smoke Discharger（烟雾弹发射器）的安装部分上，因为有凸起部位形成阻碍，所以要动手进行切削。

烟雾弹发射器的线缆方面，首先在基部上安装0.6mm的黄铜细管，然后在管内通入线缆进行再现。

炮塔侧面上，因为存在100号车储物箱的安装用模纹导线，所以在动手制作3号车、123号车时需要动手进行切削。

黄铜丝的固定位置。尤其是主动轮的黄铜丝位置很重要。在此位置上插六个的话，之后DS履带会出现反弹现象，展现出一定程度的松弛现象。

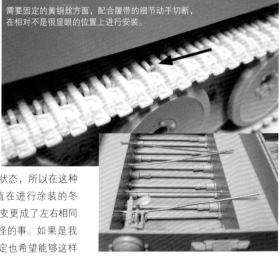

需要固定的黄铜丝方面，配合履带的细节动手切断，在相对不是很显眼的位置上进行安装。

车体内部的黄铜丝的状况。为了用黄铜丝的柔韧性来压制履带反弹的力度，故意没有制作成左右贯通的状态。

板左右的挂靠部分剪切掉，或者是用美工刀等来拓展，之后的组装工作就会变得容易一些。然后以不同于说明书的顺序安装前面装甲板，再嵌入上部装甲板。

■ 关于履带

制作范例的123号车的履带方面，说明书上虽然写上了在左右分别安装不同履带的指示，但我却安装上了左右相同的履带。DRAGON之所以会指示说要在左右分别装上不同的履带，估计其用意应该是考虑到极初期型生产时期的问题吧。

但是，本次我准备制作再现的却是冬季迷彩的123号车。虎式坦克方面，因为自1942年10月起，为了提升补给方面的效率，在工厂中采用了安装了左右相同履带的缘故，所以自1942年8月前后起，配属到第502重型坦克营的极初期型应该是毫无疑问，是左右分别安装履带的。

第502重型坦克营的极初期型其后却出现过极多的故障问题，通过不断进行修理、更换，最后也由原先的左右不同，

转变成了左右相同的状态，所以在这种直到1943年年初一直在进行涂装的冬季迷彩式样中，即便变更成了左右相同的款型也并非什么奇怪的事。如果是我来动手修理的话，肯定也希望能够这样做的。（笑）

此外，本次制作再现的123号车方面，根据沃尔夫冈·施耐德的与虎式相关的书籍，和杂志"Grand Power"的寺田光男的考察来看，"123"的编号原本是营中分配给III号坦克使用的编号，所以即便是极初期型，大概也会和3号车有所不同，从时间上来看，应该也有之后配备的可能性。基于以上说明的这些情况，制作时故意没有采用说明书中的指示，改造成了左右相同履带。

■ DS素材履带的组装

DS素材和所谓带式履带在组装方面较为简便，但与此相对，想要展现出金属的重量感来，部件带有一定的弹性，如果只是单纯地进行粘接的话很难看出任何的自然感来。如果尽可能适当地让履带展现出松弛感的话，制作完成后

的感觉也会更加帅气一些。首先在本次组装的时候，动手切割下两格履带来。

接下来要动手制作的展现松弛感的重点中，如果将主动轮比喻成表盘的话，左侧在1点（右侧为11点）所处的部位上插入黄铜丝进行固定。通过在此处往下按压履带，素材的反弹也会起到辅助作用，整个履带就会向着负重轮垂悬出美妙的曲线来了。其后，再在负重轮上部12点方向上同样插入黄铜丝进行固定的话，DS素材也就能展现出较为漂亮的松弛感来了。

■ 关于涂装的考察

动手制作极初期型时，也曾为有关"涂装"的事情而感到过烦恼，但其乐趣

涂装过程

①喷涂底漆，在轮胎黑中掺入白色，用让色彩变得更加明亮后的基本色对整体进行过涂装后，再用喷笔喷涂在灰色FS36118中掺入白色的迷彩色。

②尽管是以参考资料为基础展开制作的，但也可以凭借自己的喜好来笔涂冬季迷彩。涂料为在TAMIYA Color Acrylic涂料的XF-2纯白色中混入XF-12明灰白色制成的涂料。

③贴纸方面，使用Mr.Mark Setter来进行粘贴，让贴纸紧密粘接上。此套件的贴纸中，余白部分非常少，从而也就省去了剪切需要耗费的功夫。

④粘贴贴纸，履带、负重轮的橡胶边缘、排气管消声器、装备品的分别涂装结束之后，喷涂UV Cut式样的消光透明色。

⑤透明涂料干燥后，进行滤涂。点涂TAMIYA Color Enamel涂料的XF-24暗灰色、XF-19天空蓝、XF-2纯白色。

⑥点涂过珐琅涂料后，用蘸有珐琅溶剂的笔来进行顺滑工作。用平口笔从边缘由上至下，从前到后地运笔，让车体的颜色带有变化效果。

⑦滤涂工作完成后，用油彩的生赭色（Raw Umber）来进行渍洗，展现出长年使用的效果来。

⑧滤涂和渍洗完成之后，接下来再使用照片的涂料来再现出涂料的剥落效果。

⑨这是第一阶段的剥落展现结束后的状态。首先在白色部分描上灰色，其后在整体描画上油彩颜色的绯红淀。

也自在其中。关于极初期型中采用的究竟是怎样的一种涂装这个问题，只要是稍稍对坦克模型，尤其是对虎式极其喜爱的玩家们来说，想必多多少少都应该会有些接触的吧。第502重型坦克营中，自1942年起到1943年冬这段时间中，开始时涂装的是留下条状的基本色的迷彩，其后则是将车体全部白色的冬季迷彩，尽管这一点是众所周知的，但问题的关键还在这层迷彩之下，也就是说，坦克本身应该是怎样的一种涂装呢？

依照先前常用的说法，应该是以D-unkel Grau单色涂装，按照模型制作的说法就应该是"德国灰（German Gray）"。而到了最近，出现了以热带地色的棕色和泥土色两种颜色来进行涂装的说法（实际上，在最初的一段时间里，其他部队中也确实有这种以热带地色来进行涂装的虎式），也出现了在苏联是用Dunkel Grau

和明灰色两种颜色来涂装迷彩的说法。总之，存在的说法可谓多种多样。

一边在内心中留意着这些说法，同时重新对照片和图片仔细展开观察之后，发现例如在111号车和112号车、○32号车（无法分辨到底是132号车还是232号车）中，是在明亮的车体上涂装的网状的浓迷彩感觉应该是热带地色。相反，冬季迷彩出现剥落的100号车和121号车中，或者是对100号车炮塔背面的部队徽章图像放大后的照片仔细观察的话，就会发现与冬季的白色迷彩色和暗色的车体色不同，隐约展现着一种较车体色更淡，较部队编号更暗的花纹。同时，这种花纹在涂装过冬季迷彩的车体上很常见。但是从100号车来看，一眼看上去，感觉却又像是Dunkel Grau单色。那么，到底哪种涂装才是正确的呢？

对此，我的答案是：两者其实都是

正确的。

其实说到底，对兵器涂装颜色这种事，实际上除了在游行阅兵时为了展现自己的威武和恐吓他人之外，主要的目的就是为了降低被敌人发现的概率这方面了。即便此外还有各种各样的原因，但说白了其实所谓的迷彩色的最终目的，也不过只是刚才所说的几种目的的延伸罢了。

因此，仔细观察一下车辆周边环境的话，就会发现在很多情况下，看起来似乎是涂装成热带地色的车辆周边几乎没有什么雪。而相反，到了冬天就会出现积雪的地方，涂装看起来就是以Dunkel Grau为基底涂上灰色的车辆就会较多。基于这样的一种思考，尽管第502重型坦克营中配备的车辆最初是单色灰色的车辆，但其后也会为了配合周围的环境，涂装上热带地色，而之后又会因为雪季

的临近而改换成暗色系（也就是在Du-nkel Grau上涂装上较为明亮的灰色迷彩），而后还会在白色的冬季迷彩上覆盖涂装其他颜色。这就是我基于以上思考得出的答案。

■ 123号车的涂装

基于以上的想法，又因为本次我的制作主题是冬季迷彩的缘故，所以在参考过寺田光男发表的123号车的花纹之后，决定动手将此次制作的模型涂装成虽为单色，但看起来又像是涂装过迷彩一样的冬季迷彩涂装。

首先，为了避免涂装到金属部件上的涂料出现剥落现象，用笔涂的方式涂装过Gaia Color的Multi-Primer之后，再用Mr.Color稀释液对GSI Creos的瓶装Mr.Surfacer 1200号进行稀释，用喷笔喷涂底色。第二步，Dunkel Grau方面，在Mr.Color 137号轮胎黑（Tyre Black）中混入62号消光白，动手涂装。第三步，看起来较为明亮的灰色迷彩，是在特色305号灰色FS36118中混入白色后，用喷笔仔细喷涂而成的（等完工之后再仔细观察的话，因为之后车身会变得满是泥泞，而这一步的轮带周围的涂装也就会变得不易看到了……）。

在基底色上动手进行覆盖涂装的白色迷彩方面，因为实车上看起来似乎是用毛刷之类的东西进行涂装的，所以动手进行模型涂装时，我也采用了较细的平口笔来完成这一步的涂装工作。白色迷彩的颜料是在TAMIYA Color Acr-ylic涂料的XF-2纯白色（Flat White）

中加入XF-12明灰白色制作成的。用丙烯溶剂彻底稀释，花上5天时间来多次反复涂装的话，那么之后就会形成出人意料的完美效果。此外，在分别用笔为木头部分涂装过XF-59沙漠黄（Dese-rt Yellow）、排气管部分涂装过XF-79油毡甲板色之后，再用Mr.Color的Mr.Super Clear UV Cut消光色（喷雾）对涂膜进行保护。

此项作业完成之后，接下来就是滤涂的工序了。点涂过TAMIYA Color E-namel涂料的XF-24暗灰色（Dark Gr-ay）、XF-19天空蓝（Sky Blue）、XF-2纯白色（Flat White）之后，再用平口笔从边缘起按照由上到下，从前到后的顺序运笔，让车体色带有一定的变化。干燥后，使用油彩的生赭色（Raw Umber）来进行渍洗。

这些步骤都完成之后就要动手展现剥落现象了。白色迷彩部分，首先使用Mr.Color的轮胎黑（Tyre Black）和白色混合而成的颜料来描画剥离的部位，然后在整体上用油彩颜料描画上绯红淀（Crimson Lake）的剥落。此颜色需要留意一定要描绘到白色迷彩部分中最初涂装的灰色当中去。

木质部分方面，从外层涂装上生赭色（Raw Umber），展现出相应的氛围来。排气管方面，在其基本色、油毡甲板色的整体上散布涂装TAMIYA的Weathering Master D套装的烧红色之后，和覆盖涂装一样，一边涂装上相同套装B的煤灰色，再涂装同套装的铁锈

色，然后再一次散布涂装烧红，最后作为油污表现，使用珐琅涂料的X-26透明橙（Clear Orange）来展现漏油的痕迹。

轮带周边方面，履带上笔涂在XF-63德国灰（German Gray）中混入油毡甲板色的颜料，然后再涂抹上TAMIYA的X-11镀铬银（Chrome Silver），展现摩擦后的痕迹。其后，作为泥污表现，涂装了在MIG Products的欧洲尘土色（European Dust）中混入Vallejo的丙烯溶剂后形成的涂料，但是完成后却感觉红色太深，所以又在外层上干扫了若干灰色系涂料。虽然还想再现出尚未干燥的泥土效果来，但泥土部分的延长效果对应车身整体来说似乎有些不平衡，所以使用透明橙（Clear Orange）在轮轴部分和车体下部追加了泥污表现之后就结束了整个涂装工作。

■ 最后

先前制作的全都是些三色迷彩的涂装，因此，本次制作的冬季迷彩实在是令我感到无比开心。如果有机会的话，真心希望还能再次动手尝试制作呢。最后，要向在本次制作中对我的工作提出过意见建议的各位表示感谢。

履带方面，虽然说明书中使用的是对称形状的部件，但推测此迷彩时期应该是左右相同的部件。

套件中附带的金属缆绳是使用煤气灶烧钝弄软后用锉刀打磨，然后再安装上的。

OVM（车外装备品）的木材部分（有时也并非是木材）方面，是在沙漠黄（Desert Yellow）的底色上涂装生赭色（Raw Umber）来进行展现的。

用灰色系色彩来展现剥落。因为该色彩近似白色，所以展现得过于显眼的话，模型整体就会显得很脏，一定要留意，不要过度。

EARLY PRODUCTION

超真实感旧化处理
初期生产型

TAMIYA 1：35（MM No.216）
虎式I型初期生产型
制作・文：青木秀之

Modeled and described by AOKI HIDEYUKI

■3种炮塔编号

本次制作的是1943年8月北方集团军所属的第502重型坦克营的虎式I型，这是一辆炮塔上有3种炮塔编号的车辆。

使用于制作范例中的是TAMIYA的虎式I型初期型。这是一款不管是素组还是进行升级追加都可行，对各种模玩人都极为友好的套件。

最近的套件虽然都是采用了最新的技术，基于各种考证制成的优良套件，但能动手制作像这样一款能够直接动手组装的套件也完全可说是一件乐事，所以我也在相隔许久之后尝试动手组装了这款TAMIYA的虎式I型初期型。

■制作重点

实车中，不光只是拥有着3种炮塔编号，而且该车辆似乎也是久经沙场，相较于标准式样，出现了部分装备的缺失。对于此状态的再现，能够称之为资料的就只有3张左右的照片，而且这些照片还全都是些特写照片，只有单侧侧面的模样，所以制作时就只能在能够查知的范围内进行再现了。

前挡泥板、后挡泥板、侧面叶子板为全部拆卸掉之后的状态，从照片上来看，左侧能够确认到车灯。不过由于此模型为初期型，所以在制作范例中就采用了两侧都安装有车灯的状态了。

牵引缆绳方面，光从照片上来看，似乎也并没有进行装配。空气滤清器方面，此时当然已经被拆卸掉了，因为目前残存有照片，可以看出其他卸下了空气滤清器的车辆还保留着管道的固定用具，所以此制作范例中也再现了固定用具。

炮塔方面，烟雾弹发射器的安装基部还保留着。配线的管道部分方面，虽然实际车辆上似乎已经没有保留了，但因为优先考虑到模型的观感问题，所以还是动手进行了再现。

OVM方面，配合车辆的状态，制作成了几乎全都拆卸掉的状态。

■细节提升

细节提升方面，OVM（车外装备品）中，使用了Avail的编号35228的猎虎式Vol.1的部件。蚀刻部件方面，虽然也可以使用其他厂商为虎式I型专门推出的部件，但Avail的制品在蚀刻部件中也属于是再现性较高的部件，所以特意尝试了使用。

引擎格板方面，更换成再现了网格编织的Passion Model的编号P35036虎式I型初期型蚀刻套装Part1，同时也将车灯更换成了TASCA的编号35-L7 WW II德国车辆车灯套装中的部件。

此外，履带方面，使用了WW II Production的树脂制虎式I型初期型用可动履带。此部件并不需要进行水口处理，而是一种只需要简单地嵌入就能完成组装的极为方便的制品。履带的下垂也能自然地展现出来。

炮管使用了RB MODEL的编号35B001虎式I型初期型炮管。

■标志

炮塔的3种编号是具有一定特征性的标志，而这方面，我选择使用了Echelon的AXT351005虎式I型第502重型坦克营的标志。

实车照片方面，炮塔的迷彩就只需要做到很淡的程度就行，车体方面上基本就是一种几乎无法展开判别的状态，所以迷彩花纹也参考了Echelon的涂装图。

■涂装

旧化处理方面主要以渍洗（尤其是入墨线）为主。所以为了控制渗透的效果必须让下底时常保持一种平滑的状态。砂纸打磨方面也是，最后用800号~1000号的砂纸进行抛光打磨的情况下要使用Micro Fine。当然了，涂装中并不使用底漆，而如果在基本涂装的过程中表面出现了粗糙

制作范例中使用的TAMIYA1：35比例虎式I型初期生产型。这是一款畅销套件，其制作的简易程度在发售后20年的今天依旧可以算得上是一级品。

为了再现这辆炮塔编号描画了3种的珍奇车辆，使用了Echelon的另行销售的贴纸。

为了展现出泥水飞溅粘附到车体表面上之后的状态，采用了反弹掉漆的涂装技法。

因为要采用入墨线的方式来进行旧化处理，所以如果不事先将涂装表面打磨至平滑的话，最后就无法形成较为清爽干净的完成状态了。

的感觉，那么就需要及时动手使用1000号的耐水砂纸来进行打磨了。

使用的涂料方面，基底色为Gaia Color222号铁锈红色（Oxide Red），暗黄色方面则是在TAMIYA Color Acrylic涂料XF59沙漠黄（Desert Yellow）中加入XF-2消光白（Flat White），再加入数滴XF-3消光黄（Flat Yellow）来进行微调。暗绿色方面，则使用了TAMIYA Color Acrylic涂料XF-71驾驶舱色。

旧化处理之前，为了对贴纸和丙烯涂面进行保护，使用GSI Creos的Mr.Color 181号Super Clear半光泽来进行覆膜。

■渍洗

首先是关于渍洗方面的内容。使用的涂料为MIG Products油彩颜料502ABTEI-LUNG OIL的ABT-015阴影棕（Shadow Brown）、ABT-080渍洗棕（Wash Brown）、ABT-110黑，以及Winsor & Newton油彩颜料色赭色（Burnt Umber）、黑色。此外，还使用了HOLBEIN油彩中的黑色、烧赭色，MIG珐琅涂料P220暗洗色（Dark Wash）等。

有关使用不同厂家油彩的原因方面，说到底，也是从个人见解来看，不同厂商内含的颜料的量（或者该说是粒子）当中

也存在有不同的缘故。通过将不同厂商的涂料分开进行使用，之后似乎也就能通过渍洗来调整残留在涂装面上的涂料的分量了。渍洗时，在不希望留下太多渍洗色的部分（就是那些希望能呈现出较明亮色彩的部分）上，使用了日本国内厂商的油彩，而在希望能尽量多留下一些渍洗色的部分（希望能呈现出较暗色彩的部分）上则使用了海外厂商的油彩。上述方法是在希望展现出微妙的明暗差时使用的。最后形成的效果差别是无法一眼就看出来的。

我的渍洗方法是一种所谓"重点渍洗"方式（在模纹刻线、细节部分、阴影部分动手展开的，用国内的技法术语来说，应该叫"入墨线"）的变种。这种方法是使用比通常在重点渍洗中使用的涂料的浓度要浓上许多的涂料，一边动手进行入墨线，一边在整体上凸显强弱效果，用笔来进行擦拭和拉伸的方式。

■阴影强调

渍洗结束后，使用MIG Products油彩颜料ABT-090工业泥土（Industrial Earth）、阴影棕（Shadow Brown）等来凸显阴影效果，对整体添加浓淡感。

■掉漆处理（剥离表现）

下底的明亮部分为在Humbrol No.148

Matt Radome Tan中混入MIG油彩颜料ABT-001雪白色（Snow White）的混色，暗棕色部分为用Humbrol进行过混色的掉漆用暗棕色（Dark Brown）中混入MIG Products油彩洗棕色（Wash Brown）的色彩描画而成的。

注意点涂掉漆，实车的效果是斑驳而且不规则的。较大的剥离部分也几乎都是许多划痕组成的。如果在不了解此状态的基础上来描画掉漆的话，那么在笔的性质、点的分布方面就无法展现出较为真实的效果来了。实际上，上述的描画工序虽然相对较难。尤其是在微小掉漆方面，但在描画时还是必须时常注意和留心。之所以要混合油彩颜料是为了延长干燥时间，以便于在失败时方便修整，另外就是如果涂料较难干燥的话，在笔上蘸取涂料描画的时间也会延长。

■反溅掉漆

接下来是通过涂料的喷溅来展现掉漆处理。这是一种在亚当·维尔德的制作范例中介绍的技法。

3倍左右的溶剂来稀释用Humbrol进行过调色的暗黄色（Dark Yellow），用笔尖蘸取，然后再以喷溅的方式，让颜料洒落粘附到车体上。接下来再用同样的方式喷溅上用

细节提升

▲炮塔方面，因为并未展现出顶盖上的焊接线条，所以使用宽度0.3mm的BMC Tagane来对焊接线进行条纹雕刻。在此处粘接上Plastruct的0.3mm的圆棍，然后再用电动打磨机把突出在外的部分切削掉，加入焊接线。顶盖的倒装螺丝使用了AdlersNest的部件。

▲车体方面，去除前挡泥板，对轧制装甲进行展现，细节部位上使用Avail的蚀刻部件，侧面裙甲的安装基部则使用了与WWII的履带同包装的树脂部件。

▲现在的涂装方法中是要彻底展开"重点渍洗"（入墨线）的，所以为了能让"重点渍洗"的处理涉及模型上的每一个部位和角落，涂装时与先前不同，需要在动手进行过涂装之后再进行安装。

涂装/旧化

▲涂装花纹方面，参考了Echelon贴纸的涂装图。首先动手大体上喷涂迷彩花纹，使用喷口直径0.2mm的喷笔来调整迷彩的形状。

▲车体为渍洗完毕，而炮塔则依旧保持着未渍洗时的状态，所以其区别能够一眼看出来。而被侧面裙甲遮盖住的部分上，因为通过褪色而展现出了差异，所以用工业泥土（Industrial Earth）进行了滤涂。

▲考虑到整体的平衡，要一边留意不要做得太过火，一边动手进行掉漆处理。尤其是掉漆的大小，因为作业时一定要万分留心，所以动手时请务必佩戴上头戴放大镜。

Humbrol进行过调色的暗棕色（Dark Brown）。对于暗黄色飞沫较大的点如果较为在意的话，可以在用笔飞溅过暗棕色之后，再动手进行描画。然后再仔细审视整体的平衡，如果发现有过度处理的地方或者处理遗漏的地方再动手进行调整。

■铁锈、水垢

最后，动手勾勒描画铁锈和水垢的痕迹。此步骤也使用Humbrol来动手展开，如果出现失误，可以轻轻擦拭掉，然后再重新进行描画。使用到的颜料方面，铁锈为

Humbrol 33号Matt Black和113号Matt Rust的混色。水垢方面则使用了用于渍洗的暗棕色（Dark Brown）和稀释过的MIG油彩的洗棕工业泥土（Wash Brown Industrial Earth）等。

■履带

因为使用了树脂制的嵌入式部件，所以在下底喷涂底漆，然后作为基底，涂装GSI Creos的Mr.Color 33号消光黑，对整体涂装Mr.Metal Color的214号暗铁色（Dark Iron），之后再在可能出现摩擦痕迹的部位上喷涂

Mr.Metal Color的212号铁色（Iron）。

旧化处理方面，在履带上涂装在MIG色素粉P028欧洲尘土色（European Dust）和P030海滩沙色（Beach Sand）的混合物中混入少量中性洗剂后用水稀释后形成的涂料。涂料干燥后，用棉棒擦除掉接地面和负重轮中会出现摩擦痕迹的部位。最后再用TAMIYA Paint Marker镀铬银（Chrome Silver）以摩擦部分为中心进行干扫处理。

▲履带方面，使用Mr.Metal Color暗铁色（Dark Iron）和铁色（Iron），展现金属的质感和重量感。

▲空气滤清器方面，制作成拆卸下之后的状态。拆卸掉的OVM配置到引擎盖板上，形成了一定的重点。

▲排气管的铁锈表现方面，使用了珐琅涂料Humbrol Matt Black和Matt Rust的混合颜色。

■最终步骤

虽然基本的涂装流程如上所述，但最终动手的时候需要一边仔细留意涂装的状况，然后对上述的技法进行一定的调整，最终达成自己希望看到的状态。

MID PRODUCTION COMMAND VERSION

Cyber Hobby 1：35（6660）
虎式I型中期型指挥坦克
（1943年冬季生产车）
制作·文：安田征策
Modeled and described by
YASUDA SEISAKU

■关于实车

　　第二次世界大战中，德军在面向现役的坦克方面极为重视无线通信能力。从最初开发的I号坦克开始就搭载了全车无线电。在闪击战中，包括对地增援的空军在内，其胜利几乎都可以说是靠无线电展开联合行动而获得的。

　　不光各车辆间，部队间用的具备远距离通信能力的指挥坦克中，在I号坦克完成不久后就开始了其开发研制。刚开始时，指挥能力被视为了重点，而战斗能力则受到了一定的限制。但是，在激烈的战斗当中，强大的攻击力也成为了必备的性能，自车体相对较大的"IV号坦克"开始，搭载有与普通型相同的主炮的指挥坦克便登场了，而其后的"猎虎式"和"虎式"中也延续了这一特点。

　　虎式I型的指挥坦克车型中，撤除了炮塔的同轴机枪，然后在腾出的空间上设置了无线电设备。从外观上来看，主要形成了炮塔机枪口封闭、安装于车体后方倾斜

部位上的天线盒（也存在无盒子的例子）和装备有天线或者增设了天线基部的三大特征。

　　此虎式I型的指挥坦克型中，分成了装备远距离无线电"Fu8"和装备有战机通信用的无线电"Fu7"的"Sd.Kfz.268"的2种类型。大致来说，设置于车体左右和炮塔上的共计3处天线基部当中，车体右侧和炮塔的两处上安装有天线的是"Sd.Kfz.267"，而车体左侧和炮塔的2处部位上安装有天线的似乎就是"Sd.Kfz.268"。

　　不过也有3处部位上全部竖有天线的例子，所以要进行准确的判断是一件很难做到的事情。指挥坦克型前后共计生产了48辆。

　　拥有虎式I型的重型坦克营中，备有14辆的各坦克连和营的本部车辆3辆，共计45辆为其固定数量。从偶尔遇到的各重型坦克营的照片中来看，大致来说，估计本部车辆的3辆应该就是指挥坦克了。

■关于套件

此制作范例中使用的套件"虎式I型中期型指挥坦克（1943年冬季生产车）"为Cyber Hobby的限定销售商品（White Box也称作白盒），在日本国内，只有部分零售店中有货。因为此套件为限定商品，所以其库存也相当有限。

　　本次动手制作的是Cyber Hobby的白盒（White Box）版"虎式I型中期型指挥坦克"。

　　该公司（Cyber Hobby Brand）和D-RAGON Brand虽然也分别推出过"虎式I型"的"极初期型"和"后期型"的套件，但"中期型"却是首次套件化。

　　套件虽然沿袭了上述两款的套件特征，

▲装备有远距离无线电"Fu8"（Star Antenna）的虎式I型指挥坦克"Sd.Kfz.267"的套件化。前方的螺栓需在此状态下进行安装。

▲此车辆的防磁涂层中，车体与炮塔方面，其断隔的间隔是相同的。炮塔编号方面，要将贴纸的余白部分剪切掉，以免出现反光现象。

▲备用履带固定装置的拉手方面，要动手将套件的部件切削打薄。动手自制履带插栓，让插栓的位置富于变化。

▲1943年11月生产车开始装备的行军锁。此部件可选择开闭状态。

▲挡泥板的固定装置虽然是以模纹方式来进行展现的，但因为希望能够展现出立体感的缘故，所以要用塑胶材料等来动手自制。

▲指挥坦克的车体后面上，天线延长管的收纳盒位于左侧，与普通的坦克型之间存在OVM配置方面的差异。两个排气管罩之间追加了A2号车独有的装备。

▲车体前部上面似乎有防磁涂层，但因为无法确认刻线的缘故，所以用补土将表面制作成了较为粗糙的状态。

但同时也包含了较多的新部件，形成了尺度较大的内容。

此外，套件为指挥坦克型式样，要改造制作成普通型的话，需要对后部的OVM的配置等方面稍稍动手进行改造，这一点还请各位注意。

本次制作中再现的是包装盒上绘制的第508重型坦克营的本部车辆A2号车，资料方面，制作时参考了从前方拍摄的1张照片和从后方拍摄的两张照片。

■制作

首先动手组装轮带周围。扭力杆方面，因为就只是在杆子的根部进行粘接的方式，所以保持原样的话或许会有些难以组装。如果想要固定此部件的话，制作过程中的照片已经展现了，还请务必参考。

套件中，可以在战斗时的常用负重轮和外侧一列取下的状态中进行选择，而最外侧负重轮全部被拆卸下来的状态，也并非是铁路运输状态。而这也是附带的东西吧。

❶为了让排气管罩看起来稍薄一些，需要动手从塑胶部件的内侧进行切削。
❷清洁杆和固定装置为一体成型，固定用具的板层厚度令人感到有些在意，所以用塑胶板重新制作。伴随于此，清洁杆也需要用塑胶棍重新进行制作。
❸切割下侧面裙板的断面，切削部件的补强拱肋，进行再现。
❹用塑胶模纸和0.2mm直径的黄铜丝重新制作替换模纹表现的防水罩卡具。
❺A2号车覆膜刻线的大小方面，炮塔和车体一样，用0.7mm刀刃来实现。

❻用0.5mm黄铜丝来重新制作替换指挥官指挥塔舱盖的把手。
❼蚀刻部件的履带更换用缆绳的卡具虽然全部相同，但有些部位上的长度却存在不同。因为此处3处较长，所以用塑胶板来进行了补足。
❽用手钻开启履带插栓用的孔洞，插栓本身则用塑胶棍动手制作插入。
❾车前灯的支撑板方面，塑胶部件的厚度令人有些在意，所以要动手切削打薄。
❿潜望镜部分等方面，透明部件需要先涂装后粘接，然后进行遮盖处理，让相应部件能够静静地形成良好的状态。

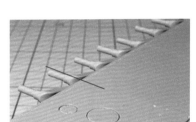

▲固定扭力杆的位置上，扭力杆尖端棍状部分的下端要与底面配合形成同一条线。

▲车灯选用自TAMIYA的车外装备品套装。车灯线缆因为套件加工完成的金属线感觉有些过细，所以用0.4mm直径的铜丝进行了再现。

▲去除掉模纹，进行过覆膜之后再重新粘接上。切除掉的部位上，为标记出准确位置来，需要用手钻稍微开启出较小的孔洞来。

履带方面，是一种可以拿来粘接和涂装的DS素材制成的带式履带。此履带的细节表现良好，是一种内侧导向的孔洞也进行过开孔处理的优秀部件。制作范例中，对履带进行了两格长度的切削，对其长度进行了调整。

侧面裙板方面，4片板材一体成型。因为在实车照片中很少有安装状态都是均一的情况，所以可以沿4分割的模纹线条进行切割，使之形成若干角度上的变化，然后再粘接到车体上去。

工具类方面，套件中提供工具与工具固定一体开模，和单独表现工具的两种零件可选。没有固定具的部件方面，套件中准备了展现固定具的蚀刻片部件。制作范例中使用的是没有固定用具的部件。只不过，因为如果全部都制作此状态的话，那么蚀刻部件的数量就会不够，所以为了展现统一感就全部变更成了市售的蚀刻部件。

清洁杆和固定具的上部为一体成型，因为固定具的厚度感觉稍稍有些厚，所以杆子使用塑胶棍进行制作，而固定具则变更成了塑胶板。铰链则是一体成型到各固定具上的。因为感觉有些过于强调，所以替换成了Bronco Model的塑胶部件制铰链（货品编号CBA3503），而如果不是很在意的话，那么保持原样也是可以的。此外，前后的挡泥板外侧部的固定金属卡具上也安装了同样的部件。

再现的A2号车的特征方面，排气管之间增设了引用钩环的固定具。还有，作为指挥坦克型的正规位置，后部左侧固定具的存在也能得到确认。一般情况下，因为牵引钩环就只使用了两枚，所以搞不好车体前部的固定具也有可能是可以拆卸的。

指挥坦克象征之一的Star Antenna方面，套件中准备有蚀刻部件。其方式为将棍状的尖端插入到Star部分基部上的形式，用瞬间黏合剂的话，在强度方面稍稍令人感觉有些不放心，所以变更成了TASCA的"WWII德国星形天线套装"（货品编号35-L10）。

存在于Star Antenna前方的估计是追加天线的延长杆的螺栓方面，圆柱状的部件P1和P3的安装指示是反的（插图中也是），因为存在于其后方的构造物P4也变成在圆柱状的部分之后，请注意。

■Zimmerit Coating（防磁涂装）

制作的A2号车上，涂装有Zimmerit Coating（防磁涂装），所以在制作范例中，使用TAMIYA的保丽补土和同一厂商的0.7mm型的Coating Blade进行了再现。后期型中，相较于车体，大多数炮塔的花纹间

迷彩的涂装工程

①组装完成后，对整体喷涂TAMIYA的SUPER SURFACER。此SURFACER中包含有金属部件用的预涂漆（PRIMER），即便是使用了蚀刻部件等套件，也能仅用此喷涂来制作涂装的底漆，所以极为方便。

②尽管照片中很难看出来，但模型上其实还附着有灰尘和组装时留下的伤痕（尤其是在更换金属部件时形成的组装划痕很明显）。SURFACER完全干燥后，可以用剪切成细条的砂纸等来仔细地进行打磨。

③涂装的第1步就是在履带部分上涂装形成底漆涂装的暗色系涂料。涂装时使用的是TAMIYA的丙烯涂料XF-1消光黑（Flat Black）、XF-10消光棕（Flat Brown）、XF-51卡其橄榄绿混合形成的颜色。涂装时务必要保证不残留下任何的漏涂部位。

④涂装基本色暗黄色（Dark Yellow）。使用的是用TAMIYA的丙烯涂料XF-59沙漠黄（Desert Yellow）、XF-60暗黄色（Dark Yellow）和XF-2消光白（Flat White）以1：2：2的比例进行混色后形成的颜色。

⑤涂装迷彩色暗绿色（Dark Green）。以XF-58橄榄绿（Olive Green）为基底，混入④中的暗黄色（Dark Yellow）来提升亮度。参考说明书的3张图纸，让整个花纹搬移扩展到整个车体上。

⑥以相同的方式涂装迷彩色红棕色（Red Brown）。涂料以XF-65红棕色（Red Brown）为基底，同样也混入暗黄色（Dark Yellow）来提升亮度。其后，用基本色和各迷彩色来反复修整，完成全车整体的迷彩花纹。

因为渍洗工序将会使得整车的色调都变得稍暗，而本车则隶属于派往意大利的部队，所以基本涂装涂料方面需要稍稍调整得亮一些才行。

隔要更大，但此车辆中的炮塔和车体却是一样的。

虽然防磁涂层应该也在车体前部上面进行过涂装，但在同一营的其他车辆中（A2号车的正面照片不是很清楚），从实车照片来看，似乎有覆膜花纹。因此，此部分需要使用涂装硝基补土，用硬笔在表面上敲击，附着上模纹。

■涂装

再现的车辆从照片上判断的话，就会因为阳光的光线和状态而难以判断迷彩的样式及颜色，从色彩细微的浓淡差别中可

以看出涂装有比较细腻的花纹的三色迷彩。因此，以照片和说明书的涂装图为参考，动手描画细腻迷彩花纹。

基本涂装完成后，作为涂装剥离的表现方法，一部分使用海绵。通过这种办法，能够展现出较为细腻的表现，但因为其中需要一定的诀窍，所以动手之前一定要进行充分的练习。

另外，如果使用珐琅涂料的话，涂料就会出现拉伸现象，因此，很可能会出现在涂装面涂装过多涂料的情况，所以在基本涂装方面，用常用的硝基系或丙烯涂料

来进行涂装的方法应该是较为适合的。如果能够在渍洗之前动手的话，即便失败了，也容易进行点涂补充。

褪色表现方面，本次点涂了三色的油画颜料，为了延长颜料，稍稍添加了一点变化。物品的褪色方面，虽然其基本原理是因为日光的照射而变白，但有时也会因为各种各样的原因而变得发黄，颜色变深，为色带带来变化。因此，虽然使用油画颜料来为色调添加了变化，但如果不慎搞得太过了的话，那么整个模型就会显得脏，所以说到底，还是考虑Plus α的技法，根

最终步骤涂装过程

①为了增加模型整体的立体感，用喷笔对因焊接模型等形成阴影的部分实施阴影喷涂。使用的颜色为XF-1消光黑（Flat Black）混合XF-10消光棕（Flat Brown），使用时需用溶剂稀释到极淡，喷涂时一定要尽可能地清淡，避免表现过强。

②直到阴影喷涂的全部涂装工作都完成了之后，再用丙烯涂料对各细节部位进行喷涂。缆绳等铁质金属部位上，混合XF-24暗灰色（Dark Gray）和XF-1消光黑（Flat Black）与极少量的XF-8消光蓝（Flat Blue），涂装带有一定青色色调的暗灰色。

③在覆膜出现剥离的部分上，首先涂装底漆的防锈涂装（红色），涂装时注意不要过于显眼。然后，防锈涂料出现落落，用在XF24暗灰色（Dark Gray）和XF10消光棕（Flat Brown）中掺入极少量XF-1消光黑（Flat Black）混合而成的颜色来涂装钢铁材质裸露在外的地方。

④迷彩色剥落，追加上基底的基本色和钢铁部分能够看到的表现。在海绵中蘸上涂料，用轻轻按压的感觉来让色彩附着上去。使用海绵的话，能展现出较为细腻的表现。

⑤接下来对涂装面上较浅的伤痕进行表现。使用的涂料是在基本色暗黄色（Dark Yellow）中掺入XF-2的颜料。为了再现拉拽出来的细线，用细描笔来描画细线进行涂装。

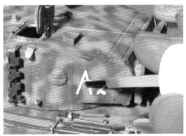

⑥为了避免反光，粘贴上剪切过余白部分（透明部分）的贴纸后，涂装贴纸软化剂让贴纸和模型紧密接合到一起。因为覆膜部分起伏较多，所以最好使用尽可能强力的型号。

据个人的喜好来慢慢展开，这样才是最好的状态。

此外,此技法与通过涂装剥离表现等来提高模型的存在感的方向性相似，而与通过干扫表现等来重点展现模型立体感的模型制作又稍稍有些不同。

舱盖背面到底是车外色还是车内色这一点让人感到很纠结。驾驶员、通信兵舱盖采用的是车外色，而舱盖的锁扣装置则用暗色（估计是黑色）来进行涂装。完成后才判明的一点是，虽然制作范例中有所不同，但潜望镜本体为黑色，安装部位（潜望镜部件的细腻细节被制成模纹的部分）为车外色。装填手舱盖为车内色（象牙色）。顺带一提，虎式I型初期型的车长舱盖方面也同样是车内色。只不过以上几点也只能停留于"此倾向较强"的阶段，同时也可能会出现例外，这一点还请各位留意。

■兵人模型

兵人模型方面，采用了TANK的树脂兵人模型"German SS tank crew"。正如其名，该模型再现的是党卫军的坦克兵，所以动手将其服装改造成了国防军的服饰。涂装方面，肌肤部分为油彩颜料，衣服部分则使用了TAMIYA的珐琅涂料。

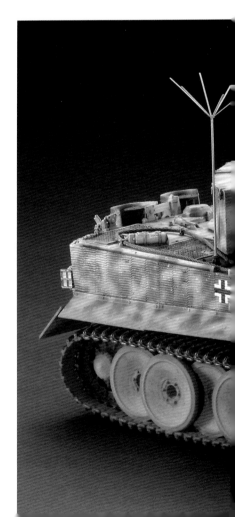

最终步骤涂装过程

⑦用珐琅涂料XF-1消光黑（Flat Black）混合XF-64红棕色（Red Brown）来对整体进行渍洗。渍洗时颜料一定要淡，不要将防磁涂层部分擦拭掉。至于希望能够强调的细节部位，可以用稍浓一点的渍洗液来进行入墨线。

⑧褪色表现方面，可以在表面上斑点状地随机洒涂上油彩颜料的白色、蓝色和较暗的黄色，然后再用蘸有珐琅溶剂的笔来对油彩颜料进行拉伸。水平面主要是拓展面积，而垂直或者是斜面部分上则要采用从上到下的要领来进行处理。

⑨为了强调细节，说到底也只是在辅助意义的层面上，以边缘部分等为中心实施开干扫处理。使用的颜料是珐琅涂料XF-57米黄色（BUFF），处理时一定记得要点到为止，一旦细节部位浮现出来就要立刻停手。

⑩在用丙烯涂料涂装的木质部位上进行最终处理。稀释用XF64红棕色（Red Brown）、XF62橄榄绿Drab（Olive Greeh）和X6橙色（Orange）混合成的色彩，对整体进行涂装。随机进行过擦拭之后，要一边添加笔触一边展现出木头的素材感来。

⑪钢铁部位方面，用稀释过的珐琅涂料XF-7消光红（Flat Red）混合XF-64红棕色（Red Brown）对钢铁部位整体进行涂装，展现出淡淡的铁锈感。干燥之后，使用TAMIYA Weathering Master "铁锈色"来添加展现浮现出来的铁锈。

⑫履带的接地面等部位上，作为金属暗淡光泽部分的表现，在此类部位涂抹上较浓的铅笔石墨。制作范例中使用的是2B铅笔，但如果手边备有笔芯较细的自动铅笔的话，那么在涂装较为细小的部分时也会更为方便。

▶因为渍洗和褪色表现等会造成光泽渗出，所以要用消光透明色来对光泽进行调整。使用了家用日用品店等销售的NIPPE "NEW WIDE SPRAY无光泽透明色"。此物的特征是消光效果较好，又不会侵蚀到贴纸面等部位上去。

▲在轮带周围涂布上天然土（粉末状色彩），用笔毛硬度较高的笔、棉棒或刷子等物来掸去多余的天然土。经过此工序的处理之后，轮带周围就会形成布满粉末的状态。如果去除太过，或者是希望强调泥土污渍的部分上，可以再次动手进行涂装。

LATEST PRODUCTION

动手制作极具特征的第510营
式样的最后期型

DRAGON 1：35（6406）
虎式I型后期型（3in1）
制作·文：桂 宏树

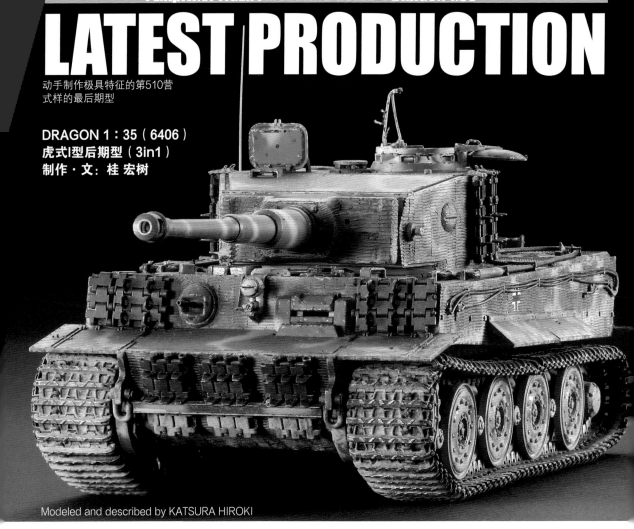

Modeled and described by KATSURA HIROKI

■开篇语

　　第二次世界大战中的德军在经过了一番迂回曲折的历程之后，在面对苏军优秀的T-34坦克和KV重型坦克时，最终得出的答案之一就是虎式I型重型坦克了。

　　虎式I型诞生于1942年，其后被投入到了东欧、意大利、非洲和西部欧洲等各战场中。尽管受到了一定的损伤，但它却凭借着强大的火力，让在数量上更胜于它的敌人蒙受了更大的损伤，即便在最糟糕的情况下也能延缓敌军的进攻，争取时间。想必在当时，德军的士兵们内心一定都满怀着期望，希望强韧的虎式I型重型坦克能够到达自己所在的前线。

　　这种虎式I型重型坦克在生产的过程中也进行并展开了各种各样的改良。本次制作的就是虎式I型重型坦克的最终进化形态——后期生产型中的最后期生产的型号。

■套件制作

　　本次采用制作的套件是DRAGON发售的虎式I型后期型（3in1）。这是一款进行了将先前该厂商推出的虎式I型后期型套件金属制的侧面裙甲和压铸加工的排气管罩替换成质量优良的塑胶制部件，同时也将连接粘接式的履带替换成DS素材履带等变更后，形成制作起来更为轻松简单的套件。

　　本次制作中，我们遵从说明书，尝试动手制作了该套件能够再现的3种型号（后期型、最后期型、指挥坦克型）中的最后期型。制作过程中，为了能够让完成时的作品更加帅气一些，在部分部位上使用了其他公司的金属部件和素材。

　　套件制作较为精良，即便其部件相对较多，但制作也能顺利地进展下去。只不过，前面装甲板上部的安装方面，还是需要在该公司（Cyber Hobby Brand）的虎式I型极初期型基础上进行假

组，然后动手进行粘接、固定。

　　制作过程中的感受，将在下面的文章中为您详细记述。

①轮带周围的悬挂方面，从构造上来说是可动的。可以放置到立体场景等的台子上，决定好其位置，粘接固定。这样做的话，可以更有效地防止出现漏涂。

②履带方面，更换了Model Kasten的部件。该部件较为完美地展现了履带的下垂，而其后的涂装也会变得更加轻松。关于DS素材履带方面，请参考查阅有关极初期型的项目。

③炮管部分替换成Armor Scale的金属制炮管。虽然附带的树脂炮盾也有很好的细节，但因为防磁涂层的花纹比制作中的车辆要细碎，所以最后并未采用。

④车体前面的备用履带安装用具方面，尝试再现了第510重型坦克营特有的款型。其特征就是在内部追加了两根支柱。使用适当大小的Ever Green塑胶棍进行了再现。

全部以最后期型来展开编制的第510重型坦克营中，其特征就是炮塔编号描画于储物箱（Gepäckkasten）前方的炮塔上。

因为希望能够再现出侧面裙甲的纤薄程度，所以更换成了Voyager的蚀刻部件。

工具的固定装置方面，部分部位替换成了Avail的蚀刻部件。

履带为model kasten，插栓为Adlers Nest制。真希望能够动手用这种黄铜插栓把model kasten全部连接起来。

同时动手尝试用库存的蚀刻部件来再现了后期型的特征之一——逃生舱盖拉杆。

机枪架方面，使用黄铜丝或蚀刻部件制成类似的形状。同时还在指挥塔上追加了管道。

动手涂装Zimmerit Coating（防磁装甲）之前，用油性记号笔将剪切下的部件痕迹都标记好的话，覆膜后也就更容易在安装时分辨清楚位置了。

AB补土的延长状况为图中所示的感觉。能够淡淡地看到记号笔痕迹的话就一切都正好。在牙签上蘸水，使劲儿延展开来。

从上方滚动覆膜滚筒的话就会形成这样的感觉。虽然会将补土延伸得相当薄，但却展现出了充分的凸凹花纹。

⑤炮塔备用履带固定用具上部的U字部分，尝试用0.4mm的黄铜丝进行了再现。
⑥从正面来看，右侧的备用履带中，最后的1块被取下了。第510重型坦克营中，为了避免部队编号被履带挡住，有些车辆会将履带板拆卸下。
⑦防空机枪架方面，用库存部件和黄铜丝等动手制作成类似的模样。

■ 防磁涂装（Zimmerit Coating）
　　动手制作虎式I型的最后期生产型时，防磁涂装（Zimmerit Coating，以下简称"防磁"）是绝对无法避开的一个步骤。
　　在这里，我将为众位介绍一下我自己制作防磁时的作业方法。使用的是TAMIYA的AB造型补土（高密度型）。同样，TAMIYA的AB补土也有速干型的，但从作业性来考虑的话，并不是很适合我。
　　将两种补土混合进行搓揉。在混合之前，要记得好好把手洗干净，去除掉手上的汗水油脂。揉过之后，一点点地将补土切细，粘贴到车体上，然后再用牙签拉伸。

　　车体表面上，为了让补土能够粘接得更为稳固，可以用320号～400号的耐水砂纸进行打磨，让表面变得粗糙一些。
　　动手进行过打磨之后，再用蘸水的手帕纸来对表面进行擦拭。如果表面上还残留着打磨后的粉屑的话，AB补土就更难附着到表面上去了。牙签要在蘸过水之后再使用。这是为了避免补土对牙签形成粘连。拉伸延展的程度做到车体色可以淡淡看见就行，而拉伸的状况也会形成先前所未料想到的单薄程度。

①用Mr.Color 19号沙色棕（Sandy Brown）、21号柔石色（Mild Stone）、39号暗黄色（Dark Yellow）进行调和后形成的基本色展开涂装。

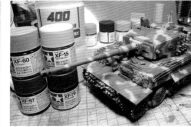
②用TAMIYA Color Acrylic涂料的油毡色或NATO Green调整的色彩来涂装迷彩。形成令人感觉较好的条纹花纹。

③因为使用了各种涂料，所以暂时先用透明色喷雾来调整一下光泽。使用的是Mr.Super Clear UV Cut消光剂。

④基本涂装完成之后，作为剥离现象的第1阶段，用和基本色（Dark Yellow）同色调的色彩来对迷彩部分的剥离进行描画。

⑤用珐琅涂料的滤涂灰、红、棕、暗黄色来进行滤涂。

⑥滤涂的涂料干燥之后，喷涂丙烯涂料的Buff，控制一下三色迷彩的色调。

⑦在凹陷部位上用油彩颜料的烧赭色（Burnt Umber）进行入墨线。这是一种强调立体性的方法。

⑧用丙烯涂料的德国灰和油毡甲板色混合而成的底漆色来追加剥离表现。

⑨使用用水性Hobby Color稀释液稀释过的GSI Creos旧化粉彩来再现尘土。

也会形成先前所未料想到的单薄程度。

用牙签来完成此步骤的话是需要花很大力气的，只要拉伸上两三次，牙签就会折断。所以每制作一台坦克模型，我自己大致会折断300根～400根的牙签。而如果改用平铲的话，则会因为工具缺乏弹性，一旦用力不慎，就很容易把套件给弄坏。（笑）或许也是我个人比较笨吧……

作业延续下去的话，先前揉好放置的补土有时会变硬。这时候，只需要用打火机稍稍烤一下，补土就会再次变回较为柔软的状态（此时一定要小心，避免形成烫伤）。

下底制作完成后，就只需要在覆膜上滚动model kasten的防磁涂装碾子就行了。只不过，因为碾子是锥形的，所以要直直地进行作业是需要一定技巧的。本次制作中，以第510重型坦克营的车辆作为参考，进行了防磁涂装。发现炮盾的花纹较大的车辆，觉得挺有趣，而

这也是选择的契机。

■涂装

首先在使用金属部件的地方涂装过Gaia Notes的Gaia Multi-Primer之后，稀释GSI Creos瓶装Surfacer的Mr.Surfacer 1200，然后再用喷笔进行喷涂。

干燥后，用Mr.Color调和的暗黄色（Dark Yellow）、TAMIYA Color Acrylic涂料的暗绿色（Dark Green）、红棕色（Red Brown）来进行迷彩涂装。基本涂装结束之后，再用笔来一点点地描画暗黄色形成的迷彩剥离和其中下底的Primer色。

其后要动手粘贴贴纸。因为涂装了Zimmerit Coating的缘故，所以要剪切余白，使用GSI Creos的Mr.Mark Softer和Mr.Mark Setter。在这种凸凹较为明显的表面上，不剪切余白的话就会出现反光现象，而整个最终的处理步骤也就彻底白费了，所以一定要注意。

粘贴上贴纸，充分干燥过之后，喷涂Clear Spray的Mr.Super Clear UV cut消光剂来统一光泽，干燥之后再用珐琅涂料来进行滤涂，用油彩颜料进行渍洗，然后再动手进行入墨线。最后再一部分一部分进行分别涂装，完成制作。

用AB补土来覆膜的时候，一定要极力将涂层打薄，避免涂层过厚，这一点很重要。如果涂层过厚的话，完成时就无法展现出其精细感来了。只不过，防盾上的花纹面积比较大，所以涂层相应地也要稍厚一些。

▲因为510营车辆的炮塔编号是描画在储物箱（Gepäckkasten）前方的，所以备用履带的安装要少一片。

▲对空机枪架为使用金属丝等自制而成的。因为这是最后期式样，所以选择制作了指挥塔上带有排水沟的款型。

▲前面的备用履带方面，内部追加两根支柱为其特征。使用Ever Green塑胶棍进行了再现。

因为悬架系统为可动式，所以带式和连接式也一样，一旦动起来就会出现漏涂的部分，所以最好是固定好位置。

INITIAL PRODUCTION

s.Pz.Abt.502 LENINGRAD REGION 1942/43

以立体场景的方式来玩赏 1：72 比例虎式坦克

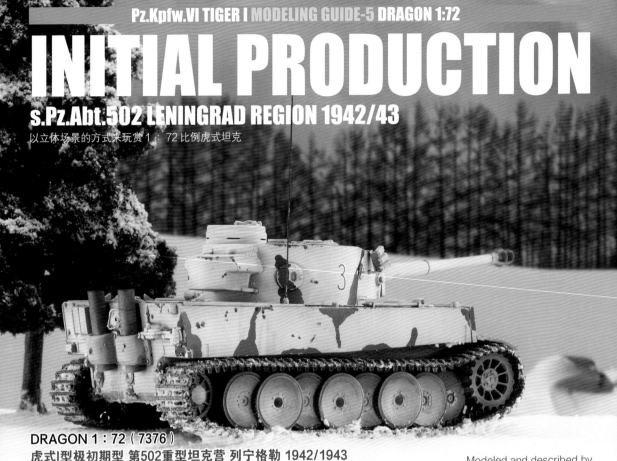

DRAGON 1：72（7376）
虎式I型极初期型 第502重型坦克营 列宁格勒 1942/1943
制作・文：尾林大辅

Modeled and described by
OBAYASHI DAISUKE

■ 虎式2辆？

编辑K跟我说，让我动手来制作两辆德国国防军第502重型坦克营的虎式。两辆1：35比例的话，倒是一件相当艰巨的工作，所以听对方说完，了解此次需要制作的应该是1：72比例。而这样一来，也出现了另外一个层面上的"艰巨"。为什么？其实是"眼睛"的缘故。因为上了年纪，最近看那些较小的东西就会变得有些痛苦。必须得有眼镜才行了。

但这事情也不能就这么放下了，所以还是动手打开了编辑提议的虎式的盒子。

■ 套件呢？

哦，这可是一款装满了各种较小细节部件的套件呢。整体来看，套件完全就是一款该厂商1：35比例的缩小版。本次制作当中，就要用它来挑战制作第502重型坦克营的虎式1号车和3号车了。

■ 炮塔编号3（素组）

首先从可以直接保持套件原样来制作的3号车开始。大部分的情况下，按

照说明书的指示来推进作业就可以了，但多少也还是存在一定需要注意的地方。

此车辆是被称为极初期型的款型，它出现在标准化之前，形成了相对较为简单的外观。其较大的特征就是炮塔后部的储物箱（Gepäckkasten）并非虎式专用的部件，而是硬装上去的III号坦克的部件。同一时期，装备到虎式的第503重型坦克营中的这一点也一样，而这边的安装位置则要稍稍朝上一些。

炮塔部分即便直接组装也没有什么问题。而让炮管上下活动的机关部分则不要进行粘接，而只要将部件嵌入进去，也就能够防止黏合剂溢出，造成炮管无法上下活动了。炮管的笔部只要稍微缠绕上一圈透明胶带即可。

各舱盖方面，铰链部分也可以通过切削来收缩。

炮塔侧面的"划线"并不需要，可以切削掉。

机关室格板的蚀刻部件等方面，因为制作得相对精良，所以原样使用（不需要后续部件）。此外，还要用0.3mm

制作范例中使用的是DRAGON的1：72比例极初期型第502重型坦克营虎式样式的套件。虽然感觉似乎是一款以1：35比例套件缩小后形成的套件，但相应地也对部件进行了一体化等特异处理，形成了较易制作的内容。标志方面，包含了制作范例的3号车和123号车两种。价格1890日元。

的铜丝来制作车灯的线缆。

排气管方面，虽然刚开始时安装了较短的部件，但仔细看过涂装图和照片之后（托罗伊卡的资料书），判明是用管道来进行延长的款型。使用Ever Green塑胶材料管道进行延长。

轮带周边，先头的第1负重轮要进行拆卸。此负重轮部件除了最外侧，全都是以4枚一组连接在一起的状态成型的。感觉这种做法似乎是希望避免拆散之后在组装时无法整齐排列的一种措

▲ 3号车几乎素组。极初期型上并没有侧面裙甲。前方机枪为涂装后安装上的。

▲ 引擎盖板的格板方面，使用了附带的蚀刻部件。内部当中，虽然燃料箱和冷却风扇进行了部件化，可是完成后几乎看不到。尽管如此，总会给人一种有什么东西在下边的感觉。制作时构成了牵引缆绳拆卸下的状态。

▲ 排气管为管道状的部件拉伸延长后形成的。尽管带有延长状态的部件，但内部的排气管消声器上面的却没有细节，所以在制作范例中用塑胶材料进行了再现。

▲ 靠内侧的为改造成初期型的部件，能够看出与近前方的极初期型在挡泥板上存在不同。

因为1943年2月前后的第502重型坦克营中就只保有5辆，所以其炮塔编号也就只需要一位数。

施，而这样的想法感觉也很不错。这也是唯有这样的比例才能实现的手段。因为相似的部件较多，所以说推进作业时一定要仔细阅读说明书。事先把主动轮和诱导轮都粘接上的话就不会受到履带拉伸张力的影响了。尽管拉伸张力的调节是靠诱导轮来进行的，但此套件中设定到最靠后的位置，其状况也正好。

■ 再现炮塔编号1

接下来就是1号车了。近来发售了各种各样的资料，先前就只能弄清楚单

边状态的个体，也发现了其他角度的部件，而虎式的完整面貌也在逐一被弄清。想来，1943年年初的第502重型坦克营混编配备了3号车一类的极初期的车辆和年底补充的标准初期型两种样式。尽管如此，其全部保有辆就只有区区5辆了。炮塔编号也只需要一位数就足够了。

1号车是这种初期型，如果保持套件原本状态的话，那么在细节上就会存在些许的不同。

首先是车体。尽管形状方面基本上保持原状，但侧面前后却存在凹陷，而此处也将成为装甲板的组合位置，但此处在初期型中是没有的，所以要用补土进行填充。因为车体上似乎存在侧面裙板的安装基部，所以这里要粘接上用0.25mm厚的塑胶板剪切成型的部件。

相较于制作出相应数量部件的办法，还是不管三七二十一，尽可能多地进行切割，然后再从当中选择出适合使用的部件的办法，这样的做法还相对更能节

▲1号车当中，以塑胶材料再现侧面裙板基部。不管怎么样，先大量剪切一些塑胶板出来，然后再从其中选取使用相对较好的部件，这样做的话，也能相应节约时间。

▲排气管罩子挪用自后期型的套件。在如此比例之下还进行了金属的轧制这一点实在是令人吃惊！启动适配器需要先改变角度，然后再进行粘接。

▲与标准部件相比，侧面板的角度稍有不同的储物箱（Gepäckkasten）。以后期型的部件为基础进行改造。逃离舱盖也一样。铰链部分为自制。

面向初期型的改造点。前后挡泥板、裙板基部、储物箱（Gepäckkasten）、排气管、S雷发射装置、炮塔的逃生舱盖、OVM的安装位置、牵引缆绳的位置、车体侧面装甲板连接缝的处理等。

约时间一些。

前后的挡泥板是从后期型的套件当中剪切出来进行使用的。0.1mm厚的手锯使用起来会相对方便一些。切割时的进展也相对较为顺利。

前部的部件方面，需要连同整块装甲板一起移植。尽管都是同一厂商推出的产品，在尺寸上也会稍稍有些不大契合的地方，所以需要配合实际物品，反复动手展开调整。

车体上面有近战防御用的"S雷"的发射装置。虽然该部位的部件非常小，但此部件却同时也是初期型的特征，所以还是要设法动手进行制作。该部件的

本体可使用2mm直径的塑胶棍来进行制作。然后再用手钻来开启孔洞。安装基部方面，将0.25mm厚的塑胶材料切割成适当的大小进行制作。尽管总共有5处，但要留意尽可能不损坏到部件，在组装的最终阶段动手安装。

排气管罩也替换成了后期型。伴随于此，虽然实际上附带有工具箱，车载工具的位置也需要稍作变更。千斤顶台移动到车体前方，引擎启动适配器也要在改变过角度之后再动手安装。

好了，接下来就是炮塔了。套件的款型（极初期型）中，手枪射击口位于后部的两侧。要制作成初期型的话，右侧

有必要安装上逃生舱盖，而此部件也来源自后期型。切削掉Zimmerit Coating（防磁涂装）的模纹，在两端制作出平面来之后，再添加上铰链等细节。

然后是储物箱（Gepäckkasten）。1号车上装备的是两侧面没有向中央收缩，而是两侧面板平行的部件。用塑胶材料和保丽补土制作成近似的形状。

轮带周围方面则要保持套件的原状。观察过实车照片之后会发现，左外侧的负重轮被拆卸下了1只，右侧则似乎被拆卸下了3只。制作范例中，制作成两侧各被拆卸下了1只的状态。

■涂装

❶为了让基本涂装变得更加明亮一些，需要动手涂装灰色。迷彩花纹方面，需要挤出涂料皿上，用笔来涂装用水稀释过的GSI Creos的Mr.Masking Sol·改。

❷车体的花纹方面，大致就是这样的感觉。因为套件的涂装图是用四面图来进行描绘的，所以涂装时不需要资料，相当方便。轮带周围需要用遮盖胶带来让模型"静养"。

❸炮塔也如图所示。如果出现了失败，那么用水来进行擦拭的话就不会有任何问题了。如果过于淡薄的话就会在涂装面上形成反弹，所以需要多加注意。稀释用的水量方面，一半以下的分量较为合适。

❹用喷笔喷涂TAMIYA Color Acrylic的消光白（Flat White）。在车体下部开启孔洞，如果能安装上握把的话将会感觉更加方便一些。而此次使用的竟然是牙签！感觉轻一些，果然要方便许多啊。

❺涂装过白色之后的状态。相较于慎重仔细地进行涂装，倒不如稍稍让下面的灰色微妙地残留下比较好些。再现出实车上的涂装色彩堆积和迷彩剥离后的状况。

❻本次制作中使用到的各种涂料。德国灰（German Gray）方面，需要混入德国空军用的蓝色等色彩，展现出青蓝色来。因为比例较小的缘故，调和成了相当明亮的色调。

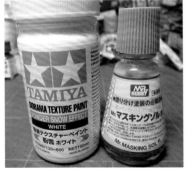

❼遮盖处理方面，使用了Mr.Masking Sol·改（照片中右侧的一瓶）。TAMIYA的情景Texture Paint（粉雪白）用来表现卡到履带缝隙之间的积雪。

此时的虎式为坦克灰（Panzer Gray）单色涂装，本次将对此涂装冬季迷彩。换成以往的话，都需要用Surfacer来进行下底处理的，但因为此次制作的比例问题，这样做可能会弄坏细节，所以本次的制作和涂装就仅限于在金属部件的部分涂装Primer这一步了。

基底色坦克灰方面，在GSI Creos的137号轮胎黑（Tyre Black）中混入战机特色的灰色和德国空军用的蓝色，制作成带有青蓝色感觉的较为明亮的色调，然后分成数次喷涂。这样做的原因是因为相对较浓的涂料有时会彻底损坏细节。

干燥过一天时间之后就开始进入到遮盖的作业当中了。这是为了能在灰色部分留下带状的痕迹。为了再现这一点，可以用Masking Sol来覆盖住灰色部分。保持原状的话，较小的部件感觉相对较硬，难以涂装，所以将涂料挤到涂料皿上，用水稀释过的话，运笔的感觉也会变得更好一些。只不过，如果加入了太多水的话就会出现反弹现象，所以需要注意。相对的比例方面，Sol的3份分量中，加入1比例的水，用这样的比率来进行混合的话，涂装后的效果也会相对较好。

1号车方面，参考资料书（MODEL HOBBY刊，Waldemar Troica著，TECHNICAL and OPERATIONAL HISTORY TIGER Vol.1 1942-1943），3号车则参考说明书的涂装图来描绘花纹。Masking Sol方面，因为此时即便出现问题也可以擦除掉，所以大可放心。Sol在经过几小时之后就会干燥。

接下来是白色涂料。使用TAMIYA丙烯颜料XF-2消光黑（Flat Black），此颜料也用溶剂进行稀释，分数次进行喷涂。为了避免让轮带周围沾上涂料，

此部队的 1942/1943 年的冬季迷彩，统一成了留下基本色坦克灰的花纹纹路。

对履带进行过涂装之后，为了再现积雪，使用了 TAMIYA 的情景 Texture Paint（粉雪白）。

本文中介绍的资料书，是由托罗伊卡著预定全 3 卷发行的《虎式照片集》第 1 卷。第 502 重型坦克营未发表的照片等也进行了刊登。附带有登有车辆配置的别册附录的地图。价格为 17000 日元左右。

需要用遮盖胶带来进行遮盖。车体的涂装完成之后，揭掉胶带，将负重轮涂成白色。此时，两方会微妙地留下下底的灰色。实际的迷彩似乎也是用刷毛来随意杂乱地进行涂装的，这也是一种用来表现色彩堆积的方法。

白色干燥之后，揭去 Sol 部分。因为镊子会对涂面造成损伤，所以需要使用透明胶布来揭去涂膜。这一刻真是令人感觉无比舒心啊。

负重轮的橡胶部分方面，使用 GSI Creos 的 Real Touch Mark（可擦除型）的灰色 2 来进行分别涂装。因为此涂料为笔形，便于涂装，使用起来很方便。

接下来是渍洗。将油彩的黑色和灰色挤到盘子里，用 Odorless Petrol 来进行稀释，涂装整体。此外，再对此色彩中添加黑色，调浓，为了能让细节浮现出来，进行入墨线。涂料的剥离方面，可以使用在橡胶部分使用过的笔来进行描画。虽然会让人感觉啰唆，但还是要声明一句，凡事都要适度，不要太过。

履带方面，喷涂硝基系涂料的消光黑和舰底色混合成的色彩，然后再用珐琅涂料的金属灰（Metallic Gray）进行干扫处理。

■立体场景

K 编辑曾跟我说过，希望"符合包装盒上的图画形象"，所以我一直在思考该怎样来表现雪原，最后我决定在基底上增加角度，配置上两辆坦克。

边框部分，我使用了在杂货店中购买的保丽板，将其立起，用泡沫塑料制作了芯。然后在上边用掌心把纸黏土（商品名为"超轻黏土"）拉伸开来，形成雪地的下底。使用套件中的履带部件，在雪地上压印上车辙，用遮盖胶带进行保护。

表面的雪是在铁道模型用的粉末上喷上喷雾胶水，润湿后撒上的。固化之

坦克兵兵人模型使用了 Preiser 1：72 比例德国
坦克兵 1939-1945 WW-II。改造成了防寒服。

针叶林使用了铁道模型用 N Gauge。

炮塔储物箱方面，不知为何保持了德国灰的状态，
并未涂装冬季迷彩。

后，再次喷雾、撒布，反复进行3次。
树木也使用了铁道模型用的针叶树。此
比例尺寸的话，制作的精密程度也很充
分了。然后同样使用喷雾胶水来固定积
雪。

　　履带中卡入的积雪是用笔涂装TA-
MIYA的情景Texture Paint（粉雪白）。

　　兵人模型使用了Preiser公司的产品，
用AB补土让兵人模型穿上防寒服。

INTERIOR

玩赏虎式的构造

Modeled and described by
MURATA MINORU

CMK 1：35(3065、3066、3129)
虎式I型坦克驾驶席、引擎、内装
制作·文：村田 稔

■开篇致辞

对模玩人来说，坦克的内部是令人兴趣颇深的部位。或许也是因为这一点，不仅限于虎式，多家公司都发售了再现车内的树脂部件。

好了，本次的套件为TAMIYA的"德国重型坦克虎式I型极初期生产型非洲式样"，而其内部部件方面则使用了CMK的树脂装置部件3065驾驶席、3066引擎、3129内装。

在考虑再现车内时，令人感到犹豫的是，自己到底该怎样向他人展示自己好不容易制作成的完成品呢？究竟是舱盖全部开启，再现整备中的状态呢？还是干脆一狠心，直接制作成切面式的模型呢？两者都可说是可行的选择。但是，从舱盖往内部观察的话，车体内部就只能看到一个局部，总让人感觉有些美中不足，而如果说动手制作切面模型的话，又该怎样进行切面呢？这一点实在是让人感到难以下定决心。

因此，炮塔上面和车体上面不要进行粘接，完成后也能拆下来的话，也就能

够再现出内部结构了。如此一来，精度极佳的TAMIYA套件也就成为了最佳的选择。这款套件即便不动手进行加工，也能让车体上面板和炮塔顶板严丝合缝地相互契合。

■动手组装之前

既然要动手再现全内构，那么自然就必须动手组装极大数量的树脂制细节提升部件。总而言之，因为目标是完成制作，所以不用把所有部件都用完了。各位读者如果也希望动手来强调其中部分部位的话，最好先对部件做一番取舍选择，之后再动手进行组装。如果硬要把部件全部用完的话，那么反而会离完成越来越远。

相关的CMK的部件方面，因为是树脂制，所以表面上粘附有离型剂，必须先动手擦除掉。如果不执行此步骤的话，涂料就会无法附着到部件表面上，造成一定的麻烦。虽然也有在牙刷上抹上清洁剂去除离型剂的办法，但因为树脂套件中有许多细微的部件，所以最终选用了使用浸泡式的M·Wash的办

法。

组装方面，可以使用瞬间黏合剂、双液式AB黏合剂，或者是小西发售的Bond Aqua Linker，此外Bond Deco Princess这种水性黏合剂对于不需要花费太多力气的部分来说也能轻松方便地展开使用。部件的切断方面，如果手边能有激光电锯的话，作业的效率也会提升不少。此外，作为树脂部件特有的作业，有时候还需要动手将部件中过厚的部分打薄，所以60号程度较粗的砂纸也是必须的。

因为本次要动手制作全内构部件，所以需要使用到CMK的3种套件。因此，动手前还必须将这些套件全都凑齐，考虑好制作时候的顺序才行。套件分为驾驶席区域、引擎区域、战斗室区域（包括炮塔）。本次的制作将会一边设法调整各套件，一边动手进行组装，尤其是炮塔储物箱下部的平台方面，因为是圆形，所以设法缩短尺寸或延长都是一件较为困难的事。

因此，此储物箱以圆形平台的位置

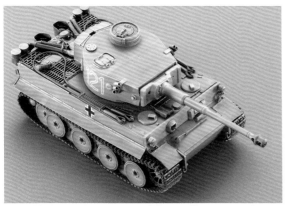

组装上内部结构，完成后的状态。因为收整得较为整洁，所以也能作为普通的完成品来玩赏。

因为TAMIYA的套件中各部件的精度较高，为了让各顶盖形成可拆卸的状态不要动手粘接，要形成可装卸的状态。

为了让引擎舱盖形成可拆卸的状态，对空气滤清器的管道也不进行粘接。

拆卸掉车体面板的状态，形成组装进去的部件几乎都能组装的状态。

驾驶员席、雷达兵席部分的装甲板要稳固粘接。虽然要遵照涂装指示，但打开炮塔顶盖往内部窥伺时也要遵循光线暗淡的印象，所以涂装成了暗系的氛围。

　　内部构造部件套件方面，不能只停留于单纯的外形再现，还需要能立体地理解其内部构造的状态。这也是模型制作的一种特有的感觉。虽然也有用塑胶部件来再现内部结构的套件，但从部件的细节再现方面来说，还是树脂部件更为细腻。只不过，因为与塑胶部件的材质有所不同的缘故，离型剂的去除、对较大的压模痕迹的去除，在首次组装的时候必须要多加留心。此外，黏合剂方面，也要留意使用瞬间黏合剂或AB黏合剂等的不同点。

　　好了，接下来就可以考虑一下组装到内部之后的事了。如果希望所有部件都能看到，虽然要特意留心不要安装顶板，但因为毕竟希望还能观赏完成后的外观，所以在制作范例中形成了可拆卸的方式。虽然也存在将部分塑胶部件切除掉的作业，但从追加结构、内部结构两方面来玩赏也是2种不同的风味。

本次使用的CMK套件的含税价格为：
3065 虎式I型坦克 驾驶席 4410日元
3066 虎式I型坦克 引擎 3780日元
3129 虎式I型坦克 内装 3412日元

炮塔顶盖方面虽然不做任何加工，但也尝试制作成了能够拆卸下来的状态。烟雾弹发射器基部只粘接上顶盖部分。

为了方便炮塔的拆卸，放弃了战斗室储物箱部分的连接。

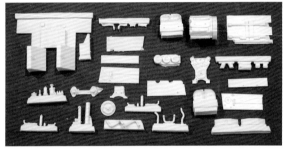

引擎（3066）的内容。初期使用的迈巴赫HL210P45引擎和散热片、燃料箱等。

驾驶席（3065）的内容。各座位、仪表、无线电、传动装置、齿轮箱等。

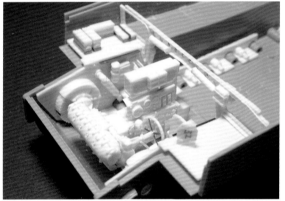

驾驶席完成后的状态。

为基准，顺次展开组装。

■组装

首先遵照CMK的说明图，从对存在于套件车体下部部品内部模纹（凸起等）的切削开始。

组装方面，其组装顺序为先动手将CMK的细节提升部件组装到车体以及炮塔上，之后再组装TAMIYA的虎式坦克套件本身。

○驾驶席 No.3065

首先从驾驶员座位及车体机枪手席位开始。虽然其中的一部分上也需要使用到蚀刻部件，但加工却很简单。钩子等部位，与其将树脂部件剪切下来，还不如直接更换成黄铜丝等效率更高。

树脂部件56号的车体上面前部装甲板方面，需要动手进行打薄。将

TAMIYA的车体上部部件G8和前面装甲板G11粘接到车体本体上之后再进行与56号部件的调整。此处需要仔细动手让部件彼此契合，使得能够嵌合到车体上部E1上去。

○引擎 No.3066

此套件中，如果希望连战斗室区域也一起再现的话，部件15引擎隔板的安装也请在此时实施。此处需要动手进行加工。引擎本身的组装其实并没有多大困难。只不过水口部分中较粗的地方较多，所以请准备好较细的工作用锯子（激光电锯）。此外，管道类的粘接方面，或许还需要使用手钻来重新开启安装部位的孔洞。管道粘接方面，与其使用瞬间黏合剂，倒不如选择一些在硬化时间方面存在余裕的材料，这样的话，制

作起来也会更轻松一些。因为地板面、隔板等部件需要动手进行打薄加工，所以请务必先进行磨合。

○内装 No.3129

本次入手的是这款DRAGON用的，但从根本上来说，TAMIYA的套件也是能够使用的。

不要使用部件编号1的引擎隔板部件，将其装备品模纹移植到带有引擎区域套件（3066）的引擎隔板部件15号上之后，粘接到车体上。炮弹库方面要仔细进行调整，避免与顶盖之间相互干扰。

战斗室内部的地板方面，储物箱底部的圆形部件和其前后的部件7号、8号之间，请务必找到地板整体的平衡。TAMIYA的套件，3个组合到一起的话，车

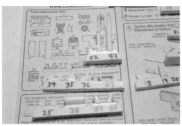
部件方面，需要对照部件表，一边仔细确认一边写下编号，这样一来的话作业效率也会提高。

对部件进行打薄时，可以将部件放置到60号左右的砂纸上，以画圆的方式来活动打磨。

迈巴赫HL210P45引擎方面，其制作精细到了即便只是单体也希望能够拿来进行展示的地步。

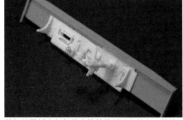
前部装甲板内部部件直接粘接到了套件上。粘接时注意调整到与周围没有任何干扰的状态。

动手组装内部结构之前，先动手将套件中不需要的模纹（凸起）切削掉。

制作带内部结构的模型时必然会出现需要调整的地方。要先动手对战斗室前后端部分进行切削，之后再安装进去。

因为塑胶部件内侧上有孔洞和压铸痕迹，所以需要用补土等来进行修整。

将引擎组装进去之前的机关室内部的状态。散热片用风扇的细节也很逼真。

在粘接不需要用力的部件时使用到的水性黏合剂的小西Bond Aqua Linker。推荐给不习惯使用瞬间黏合剂的人。

战斗室内部、驾驶席、雷达兵席、机关室组装完成后的状态。

3129内装能够再现炮塔、战斗室内部。

体前后方向上就会稍稍有些较长，所以我决定动手将前后部件进行组合。因为如果对圆形部件进行组合的话就会变得不再是圆形了。

此外，炮塔储物箱和圆形平台的联动方面，因为此次优先处理的是安装拆卸问题，所以就彻底放弃了。各位读者请务必花费些时间，调整尝试一下。我从中间部位对支柱部件50、51、52进行了剪切，其后动手粘接上。

■虎式I型坦克自身的组装

不愧是长年畅销的一款套件，在组装方面几乎没有任何问题。难得动手制作一次内部结构，所以以下提到的部件都不要进行粘接，保留能够拆卸下来的

状态。
○车体上部（车体顶盖）部分不要进行粘接。与前面装甲板G11相接触的面要考虑到拆卸问题，对接口部分稍作保留，再动手切断。
○引擎检查口舱盖E6也不要进行粘接，空气滤清器管道和空气滤清器也不粘接。
○炮塔上面E3不进行粘接。烟雾弹发射器E39、E40只在和炮塔上面部分之间进行粘接。

制作范例当中，因为制作成了可拆卸的状态，所以舱盖之类的设置成了闭合状态，如果要制作开启状态的话，当然也是可以根据各位的喜好进行选择的。

■涂装

车体内部方面，CMK的说明书中写有指示。实车中，也会因为生产时期的不同而出现涂装方面的变化。我在制作时将制作范例制作成了拆下炮塔上面从上方进行观察的时候，车内会呈现少许昏暗感觉的印象。

车辆自身的涂装方面，虽然有许多不同的说法，但想到北非地区的强烈日晒，对高亮部分设定得稍强了一些。

THE PROGRESS OF EXTERNAL FEATURES 'TIGER I'

Text:Terada Mitsuo

The Initial Production Model
极初期型

The Initial and Early Production Models

The Tiger tanks were produced between June 1942 and August 1944 and in total 1,346 examples were built. Like other German tanks, they incorporated many improvements during production run and had many differences both internally and externally among its examples depending on their production period. However, the German Army did not classify them by those changes. Therefore, researchers of German tanks after the WW2 began to classify them into Early Model, Mid Model and Late Model for their convenience. In these days, the classification has been broken down further into Initial (or Very Early), Early, Mid, Late and Final models.

The Initial Model was built when the problems encountered in the development of this tank were being tackled, and it can be considered as pre-production model. Its principal features are as follows; firstly, there were two pistol ports in the rear of turret, one each in right side and left side. Secondly, it did not equip storage bin on the turret when the production began. However storage bin was considered necessarily for operational use and the storage bin of Pz. Kpfw III was used as ersatz for a while. Later, storage bin designed for the Initial Model turret was produced and fitted to it by the operational unit. Thirdly, tow eye plates in the hull front had unique shape inherited from prototypes. While some of features of the Initial Model such as shape of fenders would disappear while they were modified and upgraded to the Early Model standard in the tank's life, the shape of tow eye plates always tell its identity.

The Early Model succeeded the Initial Model and its most noticeable feature is the large escape hatch in the right rear of the turret which replaced the pistol port. This modification was introduced in December 1942. The storage bin of the turret was designed as standard equipment for the Early Model and attached to the turret in factory. The shape of tow eye plates was modified and their lower part was enlarged forward. It is on the Early Model that shape of side fender and the locations of various OVM were

finally standardized. However, the features mentioned above were not introduced at the same time, therefore such example as the Initial Model hull mated with the Early Model turret did exist.

The Mid Model

The Mid Model had newly designed turret while the hull was same as the Early Model. The new turret was introduced in July 1943. Its most prominent difference from earlier model is dome-shaped commander's cupola with seven protruding periscopes which replace the cylinder-shaped cupola. The ventilator on the roof of turret was also new design and its place moved into center of the roof. The pistol port on the left rear of turret was changed from large block into small hole and plug type. The armor plates which formed turret were also redesigned and, as a result, shape of lower front part and location of weld seams in that area are slightly different from the Early Model.

About one month after the Mid Model appeared, i.e. in the middle of August 1943, application of the Zimmerit coating on turret and hull begun. Therefore most of Mid Model examples had this coating. At the same time of introduction of the coating, modifications on the hull started. Firstly the left head light on the front hull was removed while the right head light remained in same place, then it was moved into the center of front hull. In almost same period, newly designed tracks were introduced which had cleats on surface. Equipments for submersion and Feifel air filters were deleted during production run of Mid Model. S-Mine throwers which were introduced during Early Model production run and pistol port on the left rear of turret were also deleted during Mid Model production. On the other hand, the gun travel lock was added on the rear hull in the latter half of the Mid Model production. At the final stage of Mid Model production equipment of large shovel on the front hull was cancelled, while 15-ton jack which was mounted on the rear hull was replaced with 20-ton jack. And also around the same period, the tow eye plates changed their shape to have a hook-like downward protrusion which would become standard feature of the Late Model.

The Mid Production Model
中期型

The Late and the Final Models

The designation of the Mid Model was made with the introduction of the new turret, while the designation of the Late Model was associated with the change of hull. However, the change is rather simple one, i.e. the introduction of steel-rimmed road wheels which replaced the rubber-rimmed ones. The steel-rimmed wheels had the shock-absorbing rubber internally. It is said that it was developed to reduce wearing of rubber referring the wheels of Soviet KV-1. At the start of Late Model production, except for the new wheels it was almost identical to the Mid Model. I write "almost identical" because the hull with chassis No. 250823, which was second to have new wheels following the first, i.e. chassis No. 250822, had a hole in the rear hull to insert heater-lamp for warming up the coolant water of engine. The most of the hulls had the towing eye plates with new design, however there were some examples which had older design tow eye plates.

The steel-rimmed wheel was adapted in early February 1944, and then from the middle of the same month the turret ring guard was added on the roof of the hull. Shortly afterward of that, diameter of idler wheel was reduced from 700 mm to 600 mm. In mid-March, the thickness of the turret roof was increased from 25 mm to 40 mm and it became single piece. At the same time, close defense weapon was added on the turret roof. Around the same period, sight of main gun was changed from binocular type to monocular type and the number of aperture in the matlet decreased accordingly. From May on, the muzzle brake of main gun became newly designed smaller and righter type. In June, three sockets for jib crane were added on the roof of turret, which were called "Pilze".

Along with above mentioned Late Model features introduced by the June, the final model has such features as follows; the turret roof was two piece type which separated forward and rearward; three grooves for drainage were added on the commander's cupola; the hinge of escape hatch on the rear of turret was newly designed smaller one, not old one carved for clearance of turret ring guard; and the bolts on the road wheel hub were evenly placed. As to the Zimmerit coating, all examples of the Late and Final Models had it.

Translater: Kanda Shigeyoshi

The Late Production Models
后期型

图字07-2016-4676
ⒸMODEL ART Co.,Ltd.

图书在版编目（C I P）数据

虎式Ⅰ型重坦克 / 日本MODEL ART CO.,LTD.著；袁斌译. — 长春：吉林美术出
版社, 2018.9
ISBN 978-7-5575-2620-7

Ⅰ.①虎… Ⅱ.①日…②L…③袁… Ⅲ.①坦克－模型－制作 Ⅳ.①TS958.1

中国版本图书馆CIP数据核字(2017)第137568号

MODEL ART AFV PROFILE2

虎式Ⅰ型重型坦克
HUSHI I XING ZHONGXING TANKE

原作品名：モデルアートAFV プロフィール No.2
　　　　　 タイガーⅠ重戦車

著　　作：日本MODEL ART CO.,LTD.

翻　　译：袁斌

出 版 人：赵国强

责任编辑：陈志男

顾　　问：李冬

技术编辑：郭秋来

设计制作：刘淼

出　　版：吉林美术出版社

　　　　　（长春市人民大街4646号）

发　　行：吉林美术出版社

　　　　　www.jlmspress.com

印　　刷：吉林省吉广国际广告股份有限公司

版　　次：2018年9月第1版　2018年9月第1次印刷

开　　本：787mm×1092mm　1/16

印　　张：8.25

印　　数：6000册

书　　号：ISBN 978-7-5575-2620-7

定　　价：58.00元